有一次，一位妇女在电话里对我说："埃舍尔先生，我对您的作品完全着了迷，您的版画《蜥蜴》把轮回再生的过程描绘得那么生动。"我答道，"夫人，如果您那样认为，那就那样好了。"

这个狡黠机巧的回答出自著名的荷兰版画艺术家毛里茨·科内利斯·埃舍尔（Maurits Cornelis Escher, 1898~1972）之口。他的作品具有复杂的多义性，那些思维单一、草率仓促的阐释往往离题万里、不着边际。

在第一幅计算机生成的三维图像震惊公众之前很久，埃舍尔就是这第三维的大师了。他的石版画《魔镜》早在1946年便已完成。数学家布鲁诺·恩斯特以此作为本书书名，是在强调，埃舍尔的作品永远都会对它的读者产生神奇的魔力。

在长达一年的时间里，恩斯特每周都去拜访埃舍尔，系统地讨论他的全部作品。他们在讨论中所生发出的友谊，使恩斯特能够深入到埃舍尔的生活和他的概念世界之中。恩斯特的记述翔实准确，并经过了艺术家本人的校正。

埃舍尔的作品是无法归类的。单纯从科学、心理学或者美学的角度都无法品味其妙。问题依然：他为什么要创造这些图画？他是怎样构建它们的？他在最终完成作品之前，要做哪些前期工作？他所创造的这些形象之间有什么关联？

本书基于最可信的第一手资料，以埃舍尔的生平，250幅插图，连同对诸多数学问题的阐释，为诸如此类的种种问题作出了回答。

本书已被译成十余种文字出版。

Bruno Ernst
The Magic Mirror of M. C. Escher

埃舍尔的不可能世界
魔 镜

彩图 1

彩图 2

彩图 3

彩图 4

彩图 5

彩图 6

彩图 7

彩图 9

彩图 11

彩图 12

彩图 10

彩图 13

彩图 14

彩图 15

彩图 16

彩图 17

彩图 18

彩图 19

彩图 20

彩图 21

彩图 22

彩图 23

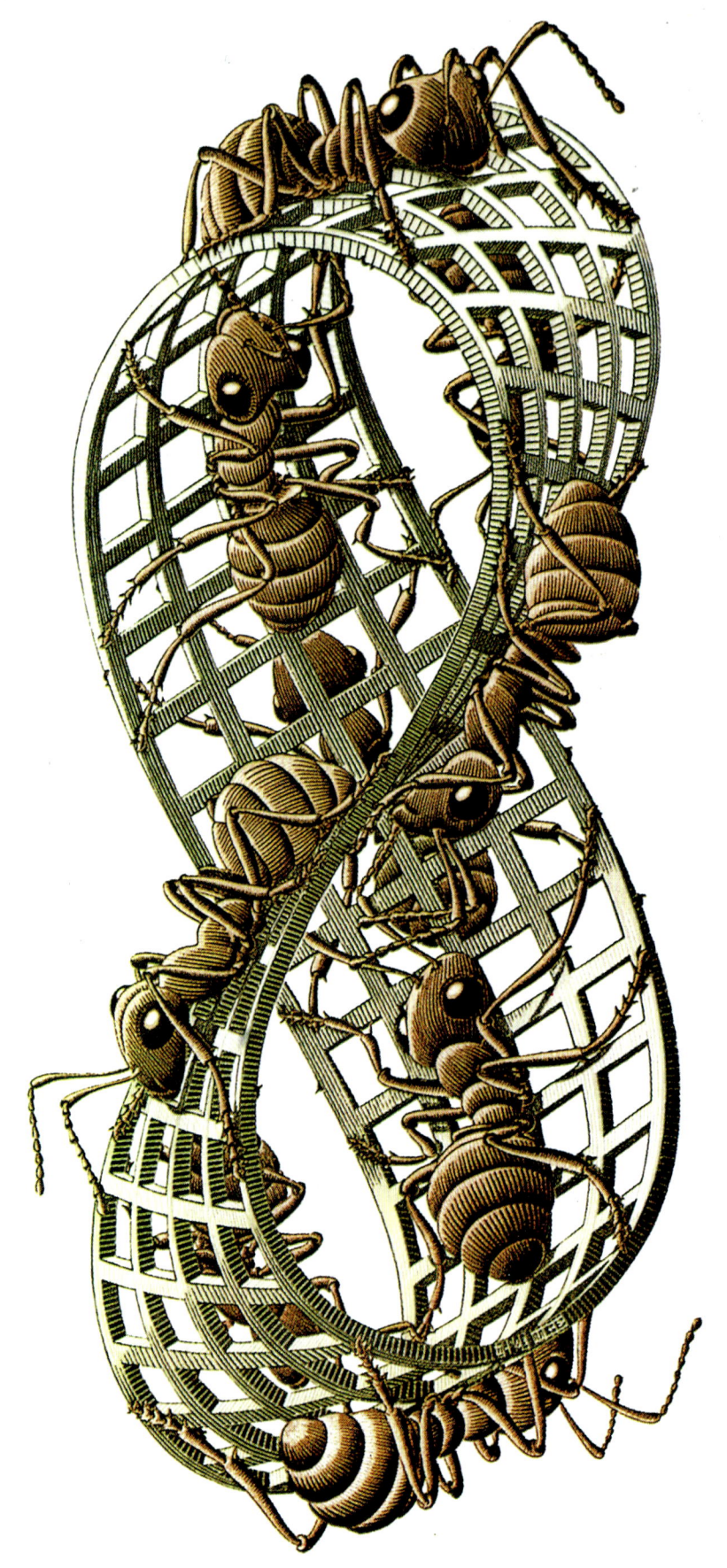

彩图 25

彩图 26

彩图 27

彩图 28

彩图 29

彩图 30

彩图 31

彩图 32

Bruno Ernst
The Magic Mirror of M. C. Escher
魔镜 埃舍尔的不可能世界

魔镜
埃舍尔的不可能世界

布鲁诺·恩斯特 著　田松　王蓓 译

THE MAGIC MIRROR *of M. C. Escher*

上海科技教育出版社

图书在版编目(CIP)数据

魔镜:埃舍尔的不可能世界/(荷)恩斯特(Ernst, B.)著;
田松,王蓓译.—上海:上海科技教育出版社,2014.8
书名原文:The Magic Mirror of M. C. Escher
ISBN 978-7-5428-5833-7

Ⅰ.魔…

Ⅱ.①恩… ②田… ③王…

Ⅲ.①埃舍尔,M.C.(1898~1972)—生平事迹②埃舍尔,
M.C.(1898~1972)—版画—绘画评论

Ⅳ.①K835.635.72 ②J217

中国版本图书馆CIP数据核字(2014)第010068号

目 录

魔镜 —— 一个档案　　　　　　　　1

第一部分

绘画就是欺骗　　　　　　　　7

1. 魔镜　　　　　　　　7
2. M·C·埃舍尔生平　　　　　　　　9
3. 无法归类的艺术家　　　　　　　　19
4. 生活与工作的反差　　　　　　　　24
5. 作品的演化　　　　　　　　30
6. 绘画乃是骗术　　　　　　　　39
7. 阿尔汗布拉宫的艺术　　　　　　　　51
8. 透视的探索　　　　　　　　61
9. 邮票、壁画和纸币　　　　　　　　82

第二部分

不存在的世界　　　　　　　　88

10. 创造不可能的世界　　　　　　　　88
11. 精湛的技艺　　　　　　　　96
12. 共存的世界　　　　　　　　103
13. 不可能存在的世界　　　　　　　　113
14. 大自然与数学的奇妙设计　　　　　　　　133
15. 一位艺术家的无穷之旅　　　　　　　　147

译注　　　　　　　　162
作品索引　　　　　　　　165
译后记　　　　　　　　167

魔镜——一个档案

本书①是25年前写的,已经被翻译成10种文字,各种译本都没有对文字和图片做任何改动。然而,这25年里发生的诸多事情使得本书有了修订的理由。埃舍尔的大量通信和相关文字已经唾手可得;关于埃舍尔的学术会议已经举办了多次(包括1985年的罗马会议,1990年的格拉纳达会议);关于埃舍尔生平和作品的书籍也已经出版了许多,甚至还有些著作对其作品的复杂性进行了深入的研究[如布鲁诺·恩斯特(Bruno Ernst),《不可能物体与视觉幻象的探险》(Adventures with Impossible Objects and Optical Illusions)]。很多艺术家被埃舍尔的版画成就所激励,甚至产生了一个可以命名为埃舍尔主义者(Escherian)的流派。

难道这还不足以构成对《魔镜》进行补充和修改的理由吗?不,这还不能,因为这会损害这本书的实际价值,要知道,这本书是我与埃舍尔之间无数次谈话的结果。我在1970年和1971年间写作了本书,所有的文本都经过了埃舍尔本人的校正、增删和必要的调整。所以,本书也精确地反映了他本人对自己作品的看法。这一点,从本书的创作过程中明显可见。

本书的诞生

埃舍尔的版画《高与低》(High and Low)就挂在我教数学的那个教育机构的报告厅里。我经常为这幅画着迷:同一处街景从两个完全不同的视角所看到的两种场景,却彼此成为一个和谐的统一体。这幅版画的创造者想要传达什么?他是怎么做到的?用的是什么方法?

1955年,我在巴伦(Baarn,位于荷兰)帮助一个朋友[博斯曼(Ir. A. Bosman)]编辑一部大众数学读物,他为此搜集了很多材料。非常偶然地我们谈到了埃舍尔,他对我说:"埃舍尔就住在附近;他其实是个好人,很容易接近,你不妨自己去问他。"我还真是有些犹豫，因为在我看来，埃舍尔不仅是一位伟大的艺术家，更是一个巫师。1956年夏天，我给他写了一封信，问到关于版画《高与低》的几个问题。很快，我收到了他的回信："……关于这幅石版画的目的和动因，不是三言两语可以说清楚的。我没有足够的时间写出来。如果你能来我这儿，我想我可以告诉你相关的一切，这要涉及我在此之前和之后的其他作品。"这是一次难忘的访问。到了下午结束的时候，我已经看到了埃舍尔1940年以来创作的几乎全部版画，更加理解了埃舍尔的想象世界，并一再为之震惊。因为这一次接触非常匆忙，所以后来我又去了很多次。有一次，我甚至对他刚刚完成的《画廊》(*Print Gallery*)进行了批评。在那次访问之后不久，他又说到这个话题，并明确表示：我所建议的修改是不可能的。回过头看，我觉得我的批评有些冒昧。想象一下，埃舍尔已经有60来岁了，作为一位版画艺术家(graphic artist)②，他享有很高的声誉，创作了很多备受赞誉的杰出作品。而我只是个30岁的数学教师。但是，埃舍尔非常严肃地看待我这个对他的作品几乎一无所知的年轻人的批评，仿佛我是一个与他相识了30年之久的亲密同事一样。

在一封给他儿子阿蒂尔(Arthur)的信中，他写到了我的访问："我要告诉你一位'兄弟'(brother)的事，我与他已经非常熟悉了。这位兄弟，"(那时我是一个致力于教育的宗教组织的成员)"我只知道他叫埃里克(Erich)，是一个数学教师……很特别，不久前，他突然给我写来一封信，信中说我的版画让他和他的学生们着迷，他希望到巴伦来访问我。他已经来过了。他看了我利用透视法开的玩笑，尤其是我的'反转'(inversion)③画《凸与凹》(*Convex and Concave*)（我记得我已经寄给你了），还有我对平面的规则分割，他都看得津津有味。说到《凸与凹》，他还送给我一个工具，轻而易举地就把我们看到的物体和景象反转过去。真让人大吃一惊，下面我会对你解释的。"这是埃舍尔的原话，你可以看到，他根本没有说到我在评论他作品时的鲁莽。

我的访问是我们两人之间长期友谊的开始。在随后的大量会面和谈话中，我慢慢地被引领到埃舍尔的想象世界中，在那些年里，我就此写了大量文章。他的反应让我的虚荣心得到了很大的满足，比如"……关于这幅版画（或者其他作品），我不相信还能有比这更权威的写法。"这是就我对《画廊》的分析而说的。在我的第一本书中，对《画廊》作了一番评论。埃舍尔，后来加上我，都认为这是他最好的作品。

1970年初的一天，埃舍尔谈到了崇拜者的来信，说他们有时会对他的版画提出一些奇怪的解释。这不由得使我产生了一个念头，为什么不对埃舍尔的作品一幅一幅地做一个系统的研究。这样，即使在他百年之后，人们也用不着对他的创作意图胡猜乱想。埃舍尔也认为这是个不错的想法，于是我们达成协议，我每周都来见他一次。这样的见面几乎持续了两年。1970年5月24日，他在给儿子的信中说道："这将是第四个星期天下午，从4点到6点半，他要来我这里，为一本关于我的作品的书积累材料。……看着他把我那些出自直觉的工作转换成清晰明白的文字，也是一种乐趣，这种转换我既没有尝试过，也不大了解。"

在这些访问中，我们不仅讨论了他的作品及作品间的相互关系，还研究了大量的草稿、备选稿和早期的速写。每次访问之后，我都会就我们的讨论写上一些文字，寄给埃舍尔。他会立即把他的看法写给我，有时还附上几句鼓励的话语，比如："不知有多少次了，当我读到一段新的文字,我就会想:这将是一部多么好的书啊!"又比如说:"总之,一想到全书,我常常会想,那些脑袋里灌满了愚蠢的艺术史的读者,将会看到怎样一部新奇迷人的著作。"

有时,他会执著地推敲某些特殊的措词,以准确地转述他的版画所要表达的意图。当我把关于木刻《旋》(Spirals)的文字交给他,并在随后的星期日与他见面时,他拉出保存版画的抽屉,取出一幅《旋》来,签上了他的名字,题赠给我。他一边写,一边说:"这幅画我只印了几份,很少有人要,但是你的评论正中要害,我想以此表示我的感谢,不知你是否愿意接受?"

在我们为本书工作期间,埃舍尔的健康明显地恶化了,我知道,是我的访问使他过于劳累。有一个星期六,我给他打电话,告诉他我第二天去的时间。闲聊几句之后,他对我说:"等一下,我要先躺下来,我有些累了。"我说,不如把我们的讨论推迟一个星期,但是他不同意。这本书必须抓紧,明天一早我就好了,他说。

从我们对工作的态度上看,这本书与其说是我的,不如说是埃舍尔的。当然,我并不是一个单纯的捉刀者,而且,我对埃舍尔的想象世界所作的诠释无疑得到了他的授权。1971年,诸事齐备,荷兰和美国的两家出版社打算出版本书,但是,由于种种原因,埃舍尔本人没有能够看到他这本书印出来的样子。埃舍尔一直盼望着本书的出版,就如他在给儿子的信中所说:"我一天比一天高兴,这本书就要出版了。"

光环(aura)

埃舍尔去世后,他的版画产生了越来越大的吸引力,他的画册也流行起来,每年都有不计其数的拷贝销售出去。

埃舍尔从不想与世隔绝。他的版画是要传播的:让尽可能多的人分享作品创生时的那种兴奋与惊喜。由于这个原因,他从来没有限定过作品的版次。一旦有人需要,他就会将他的石版交付印刷,或者亲自操作木刻,印制一些新拷贝。如果需求众多,需要用普通的商业印刷方式生产时,他便授权许可。

埃舍尔没有学生,从来没有。如果有,他们能学到什么呢?恐怕最多能学到一些制作木刻和绘制石版画的技法。埃舍尔无心传播自己的理念,那对于他本人的不断探索将是一种干扰。他的目的是通过作品把他的想象世界传达出来。尽管没有"埃舍尔学校"(Escher School),也已经有很多艺术家被他的工作所感召,他们遍布全世界(为人所知的就有50多人)。毫无疑问,这是因为他的创造闪耀着一种精神上的光芒。他的影响已经超出了具体的一幅或者一组版画。1954年发生的一起偶然事件就是个典型的例子。著名物理学家、宇宙学家罗杰·彭罗斯(Roger Penrose)[④]教授写道:"我本人对不可能图形(impossible figure)的迷恋要追溯到1954年,当时我正出席在阿姆斯特丹(Amsterdam)举行的国际数学家大会[⑤],……我认识的一位讲师认为,我应该对荷兰艺术家埃舍尔的作品展有兴趣……尽管以前我从来没有接触过埃舍尔的作品,但是我完全被迷住了。在回英格兰的路上,我决定亲自试一试不可能图形。最后,我发现了不可能三角形(impossible triangle),

在我看来,它以最纯粹的形式体现了我试图表达的不可能性。当然,尽管埃舍尔在他的作品展上展示了很多古怪而奇妙的东西,但是其中并没有我们现在所说的不可能物体(impossible object)这个意义上的东西。"

埃舍尔对其他艺术家的影响主要在于他雕刻出来的特殊物体,比如平面的规则分割,尤其是不可能图形——虽然埃舍尔只做了其中3个。由于这个原因,公众对埃舍尔的认识常常是管窥蠡测、以偏概全。从对其作品的需求情况看,公众大多都有类似的倾向。

虽然埃舍尔对其他艺术家产生了影响,但是并没有人沿着埃舍尔的思想继续下去。实际上,没有这种可能性。因为他的探索历程是独一无二的,任何重复都毫无意义,也很难想象会有什么拓展。

埃舍尔的工作从内容上说涉及很多方面,但是,在这庞杂的内容背后,潜藏着强烈的统一性。在前半生,他对特别吸引他的地中海城镇、村庄和风景进行了描绘和再现,而在1940年之后,他几乎将全副精力倾注到作为他终身事业的绘画(illustration)的基础和本质上去了。摆在他面前的问题是这样的:绘画是什么?如果我们用紧密镶嵌的一组图案填充一个平面,这个平面会有怎样的潜力?我们可以在同一张二维纸面上,表现出两个甚至更多的三维形象,这些形象又没有缠绕在一起,这是不是很令人惊奇?……

在埃舍尔将某种理念表现给公众之前,他一定要把它彻底想清楚,有时,这要花几个月的时间。令人吃惊的是,他从来没有重复自己。这一点还没有多少人注意到。在这本书里,我们可以看到埃舍尔很多作品的草稿:实际上,几乎每一张关于《瀑布》(*Waterfall*)、《凸与凹》和《高与低》的素描稿都可以制成一幅有趣的版画。对于一位艺术家来说,这样做也是完全合理的,很多人正是以这种方式构建了他的全部作品。

但是,埃舍尔的目的并不是制作一幅又一幅精美有趣的版画。他在努力追求最能充分表达他的思想的那一幅!在这方面他也是独一无二的。偶尔我们会看到有几幅作品表现着同一个主题,但是,那一定有所改进,有所调整,可以更简洁地传达他的思想。

在这本《魔镜》中,你不仅可以看到他的生平,也可以看到对埃舍尔作品的起源作出的阐释,这些都是从我和他的多次讨论中提炼出来的。埃舍尔本人认为,本书是对他的创作思想的忠实叙述,也是对其创作思想的另一种表现。

布鲁诺·恩斯特,1998年
[英译者:斯蒂芬·查勒库姆(Stephen Challacombe)]

1. 罗马圣伊尼亚齐奥教堂(St. Ignazio's Chapel)的巴洛克天顶画,
安德列亚·波佐(Andrea Pozzo)作 [弗拉泰利·阿利纳利(F. Fratelli Alinari)摄影,佛罗伦萨],见彩图1

第一部分
绘画就是欺骗

2. 错视画，彼得·德维特（Pieter de Wit）作
（荷兰国家艺术收藏馆，阿姆斯特丹）

1 魔镜

"皇帝凝视着镜子，他发现，他的面容变成了一滴鲜红的血液，又变成一颗流着黏液的死人头颅。皇帝惊恐地转过脸来。'陛下'，Shenkua说道：'不要动。那只不过是你生命的开端与结束。盯住镜子，你会看见已经发生的一切和可能发生的一切。再看下去，如果你到了神游物外的境界，你还会看到绝无可能的事情。'"

Chin Nung[①], "All about Mirrors"

我年轻的时候曾经住在阿姆斯特丹凯泽格勒支（Keizersgracht）河边一栋17世纪的房子里。在一个大号的房间里，有几个门楣的上端都装饰着用错视法（trompe-l'oeil）[②]绘制的壁画。这些壁画是由深浅不同的灰色构成的，它达到的效果如此逼真，以至于人们不由自主地认为那是大理石浮雕——这种骗术，这种幻觉，总是让人不由自主地为之惊叹！技艺更加精巧的也许是中欧和南欧教堂里的天顶画（ceiling painting），在那里，二维的绘画和三维的雕刻与建筑本身彼此相连，绵延不绝，见不到任何连接的痕迹。

这种恶作剧般的把戏可以追溯到文艺复兴时期的具象派画法（representational methods）。这种技法强调，将三维世界尽可能忠实无误地复制在二维平面上，使得肉眼无法分辨出图像与现实。这是基于这样的理念：绘画应该像魔法一样唤出一个鲜活多姿的现实世界。

无论是错视画、天顶画、还是那种从任何一个角度看都仿佛盯着你的肖像，[③]都是出于游戏目的而做出的游戏。

这时,问题的关键已经不在于所描绘的事物是否逼真,而在于这种乱真的视觉幻象本身,在于这种以欺骗为目的的超级骗术(superdeception)。画家以此为乐,观者也注定会半推半就,从中获得一种特殊的快感,好像是在接受魔术师的蒙骗一样。在这里,画面的空间暗示(spatial suggestion)是如此强烈、如此逼真,如果不亲自触摸,我们根本不会意识到:我们看到的只是平面上的图画。

埃舍尔的大量作品与我们刚刚说到的这种空间上的强烈暗示有关。然而,这种暗示本身并非埃舍尔初衷所在。实际上,一个三维事物在平面上的任何再现都会具有某种特殊的张力,他的版画则突出地反映了这种张力。在有些作品中,他能使空间感从平面中跃然而出。而在另一些作品中,他又刻意地要把他本已营造出来的空间暗示消灭在萌芽状态。在他的技法高度完善的木口木刻作品《三个球I》(*Three Spheres I*, 1945)中——对此,我们在后面还会有更详细的讨论——他对观众大发高论:"看,顶端的那个东西难道不是个很棒的圆球吗?错!非常错!——它完全是平的!你看,中间这个部分,我把它画成了折叠的,所以它必须是平的,不然就折不起来。而画面底部的那一个,我干脆就把它放平了。虽然我这样告诉你,但我猜想,你的想象力还是会把它变成一个三维的蛋。那么就请你用手指摸一摸画面,感受一下它有多么的平!绘画就是欺骗;它暗示了一个三维,其实只是二维的!然而,就算我磨破了舌头,告诉你那是骗术,你也不会相信,你坚信,你看到的是个三维的物体。"

就埃舍尔而言,他的视觉幻象是借助于一种具象的逻辑而实现的,几乎没有人能够摆脱这种逻辑。埃舍尔以其画技和作品"证明"了他所营造的这种暗示的真实性。一头雾水的观众要等回过神来,才会意识到自己已经上当了。埃舍尔确实像施展了魔法一般,在观众眼前召唤出某种东西。他竖起来的是一面魔镜,魔力巨大,让人无法抗拒。在这一点上,埃舍尔绝对是个大师,独一无二。我们不妨以他的石版画《魔镜》(*Magic Mirror*, 1946)为例,看看他是怎样做到这一点的。从艺术评论的标准来看,这也许算不上是一幅成功的作品,彼此缠绕的各种物品摆在我们面前,如一团乱麻。其中当然有事发生,却弄不明谁是谁非;其中显然有事可叙,却辨不清孰前孰后。

一切从一个毫不显眼的圆点开始。在最靠近观众的镜子边缘,就在斜栏的下面,我们可以看见一只小翅膀的尖端和它的镜像。让我们沿着镜子向里看,它就变成了整只有翅的猎犬,其镜像也随之而变。一旦我们让自己受其诱骗而相信那是一只翅膀的尖端,我们就只好忍受这个极其乖谬的怪异景象。当那条真实的狗从镜前向右转身时,它的镜像随之向左;而这个镜像如此真实,以至于我们毫不奇怪地看到它竟然从镜子后面走出来了,丝毫不受镜框的阻碍。现在这些有翅犬左右分开,每走一程便使自己的数目增加一倍;然后,它们像两支军队一样开向对方。但是,它们还没有来得及面面相对,就从空间跌落到平面,变成了瓷砖地面上的图案。如果我们再近些细看,就会发现黑狗通过镜面时变成了白狗,并恰好填满了黑狗之间的白色空隙。这些白色空隙又逐渐消失,直至最终狗们了无踪迹。它们似乎从来没有存在过——的确如此,这些有翅狗怎么可能从镜子中冒出来!然而,还有一个谜"团"在那里——在镜子前面还立着一个圆球,沿着某一个角度向镜子后面看过去,只能看见这个球的一部分镜像,但是,镜子后面还有个圆球——一个足够真实的物体,就在左半部分狗的镜中世界之中。

究竟是谁拥有这面魔镜?为什么他要制作这样的图画,并全然置审美于不顾?在第二章、第三章和第四章里,我们要谈谈埃舍尔的生平,讨论一下他的独特个性。对此,我们可以从他的书信和私人谈话中获得相关资料。第五章将就他的作品进行整体分析。随后的章节则详尽地叙述了这位独一无二的天才的灵感、工作方式和取得的艺术成就。

2 M·C·埃舍尔生平

3. 十五岁的少年埃舍尔，1913年春

算不上好学生

毛里茨·科内利斯·埃舍尔(Maurites Cornelis Escher)于1898年出生于吕伐登(Leeuwarden)①，是水利工程师G·A·埃舍尔最小的儿子。

13岁的时候，埃舍尔成了阿纳姆(Arnhem)高中的一名学生。他们全家是在1903年搬到这座小镇上来的。埃舍尔算不上是个好学生。学校的日子对他来说如噩梦一般，只有每星期两小时的艺术课能给他带来一点快乐。每到这时，他就会与好友基斯特(Kist，后来成为少年法庭的法官)一起制作麻胶版画(linocut)②。有两次埃舍尔不得不重修一门课程。即使如此，他在离校时还是没有拿到毕业证书，因为他只得到了一堆五分，几个六分，只有一个七分——艺术课。如果有什么区别的话，这个成绩对于他的艺术老师[范德哈根(F. W. van der Haagen)]造成的打击，比他这个学生本人还大。虽然埃舍尔中学时代残存下来的一些作品显示了他的才能非同凡俗，但是"笼中鸟"(其考试的作品)并未受到考官的好评。

埃舍尔的父亲认为，他的儿子应该接受扎实的、科学的训练，而最适合这个孩子的目标是建筑设计师——归根结底，他确实很有艺术天赋。1919年，埃舍尔前往哈勒姆(Haarlem)，就读于建筑与装饰艺术学院，投身于建筑师福林克(Vorrink)门下。然而他在建筑方面的训练并未持续多久。当时，有着葡萄牙血统的塞缪尔·吉西农·德梅斯基塔(Samuel Jesserun de Mesquita)正在讲授版画技术。没过几天，这位年轻人就表现了在装饰艺术方面的天赋，且更胜于建筑方面。在得到父亲的勉强同意之后(不过其父认为这样很可能对儿子将来的成功有所不利)，年轻的毛里茨·埃舍尔改换了专业，德梅斯基塔成了他的指导老师。

这段时期的作品表明他正在迅速掌握木刻技巧。但即使如此，埃舍尔也绝不出众。他是个用功的学生，

4. 埃舍尔在罗马,1930

很努力,但如果说是个真正的艺术家……嗯,不是,肯定不是。在签着系主任[韦尔克吕桑(H. C. Verkruysen)]和德梅斯基塔大名的学校通知书上,有过这样的话:"……这个年轻人过于拘谨,过于墨守成规,太缺乏感觉和灵性,太没有艺术家气质。"

经过两年的学习,埃舍尔于1922年离开了艺术学院。他已经打下了良好的绘画基础,在各种版画技艺中,他最擅长的是木刻,连德梅斯基塔也认为,埃舍尔可以开始他自己的创作了。

直到1944年初,在德梅斯基塔连同他的妻儿被德军抓走处死之前,埃舍尔一直与他这位老师保持着密切的联系。埃舍尔时常会把自己的最新作品给这位曾经的老师寄上一份精心印制的拷贝。德梅斯基塔曾把埃舍尔的《天与水I》(*Sky and Water I*, 1938)挂在自己工作室的门上,这位老师曾对人讲过他的家人对这幅画的赞誉,毫无嫉妒之心。他的家人是这样说的:"塞缪尔,我认为这是你最棒的作品!"

回忆起学生时代,埃舍尔认为自己是个很害羞的年轻人,身体不是太好,但是对木刻充满热情。

意大利

1922年春天,埃舍尔离开艺术学院之后,与两位荷兰朋友在意大利中部旅行了两个星期;秋天,他又独自去了那里。有一家人与他相处友善,他们要乘货船去西班牙,埃舍尔作为他们孩子的"保姆"也得以同行。在西班牙短暂停留之后,他在加的斯(Cadiz)③登上了另一艘货船,前往热那亚(Genoa)。然后,他在锡耶纳(Siena)的一家小旅店里度过了1922年的冬天和1923年的春天,正是在那儿,他创作了第一批表现意大利风景的木刻作品。

旅店的一位客人,一位年长的丹麦人激起了他对意大利南部的热情。那个人注意到埃舍尔对风景与建筑的兴趣,特意告诉他,拉韦洛[Ravello,在阿马尔菲(Amalfi)以北,位于坎帕尼亚(Campania)]的风光美得令人心醉。于是埃舍尔到了那儿。的确,他看到了令他心旷神怡的风景与建筑,摩尔人(Moorish)④与撒拉森人(Saracen)⑤的文化元素交织在一起,引人入胜。

在那个小旅店,埃舍尔还遇到了耶塔·乌米克(Jetta Umiker)。1924年,他与这位姑娘结了婚。耶塔的父亲是个瑞士人,俄国革命前负责莫斯科郊外的一座丝织厂。耶塔画画,她的母亲也画画,虽然她们两人从未受过任何美术训练。

埃舍尔全家从荷兰赶过来参加他们的婚礼,婚礼在维亚雷焦(Viareggio)的教堂和市政厅举行。耶塔的父母在罗马生活,小两口也搬到了罗马。他们在城边的蒙特贝尔德(Monte Verde)一带租了一栋房子。1926年,他们的第一个儿子乔治(George)出生了,这时他们搬到了一所更大的房子,第三层用于生活起居,第四层当做工作室。这是第一个令埃舍尔觉得可以安心工作的地方。

5. 意大利南部阿马尔菲的彩色素描,见彩图2

6. 本书作者在同一地点拍摄的照片,1973年3月,见彩图3

直到1935年,埃舍尔都以意大利为家。每年春天他都会到阿布鲁齐(Abruzzi)、坎帕尼亚、西西里(Sicily)、科西嘉(Corsica)和马耳他(Malta)①旅行两个月,同行的都是他在罗马认识的艺术家朋友。特里韦罗(Giuseppe Haas Trivero),这位艺术家从前是位房屋油漆工,差不多参加了每一次旅行。他是个瑞士人,大约比埃舍尔大10岁,也住在蒙特贝尔德。罗伯特·席斯(Robert Schiess)也是一位瑞士艺术家,是教皇保卫组织(Papal Guard)的成员,有时也一起去。每年4月,地中海风和日丽,最为宜人。他们会乘上火车,但更多的时候扛起背包,徒步前往。这些旅行的目的是找素材,并作速写。两个月后他们就会带着疲惫黑瘦的身躯和几百幅画回到家中。

关于这段时期,有很多趣事轶闻可讲。下面我要讲几个关于这些旅行者的故事,让我们感受一下他们的氛围。

一次,这些旅行者穿过卡拉布里亚(Calabria)前往彭特达蒂洛(Pentedattilo),那儿有5座岩峰,就像巨人的手指,高耸入云。这一次他们的人数比平常要多,因为一位名叫鲁塞(Rousset)的法国人要去意大利南部进行历史研究,也加入了他们的队伍。他们在一个小村庄找到了一处寄宿的地方——一间有4张床的屋子。他们的食品主要是硬面包(一个月烤一次),吃的时候要用羊奶泡,还有蜂蜜以及羊奶做的奶酪。这时墨索里尼(Mussolini)已经把政权牢牢地攥在手里。一位彭特达蒂洛妇女问这些旅行者是否愿意代表村子里的人给墨索里尼带个信。"如果你们见到他,告诉他我们穷得连一口井也没有,死了连一块葬身的地方也没有。"

在那儿待了3天以后,他们又长途跋涉,前往南海岸的梅利托(Melito)火车站。在一处狭窄的山路上,一

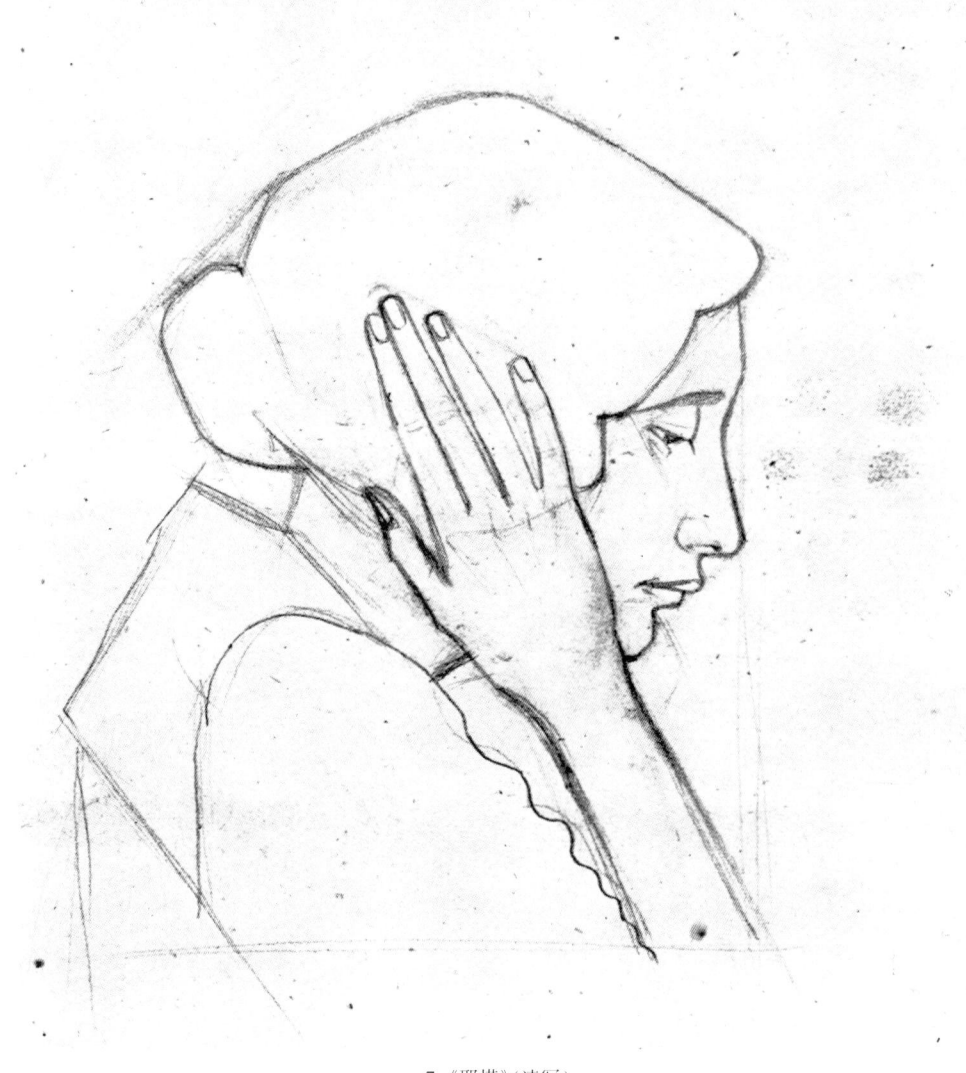

7.《耶塔》(速写)

位骑马人忽然出现在他们面前,鲁塞急忙抓起他的大相机,给骑马人拍照。那人下了马,出于南部意大利人的热情好客,他硬是把这些旅行者拉到他在梅利托的家。原来他是个酿酒的,有个很棒的酒窖。他们参观了酒窖,还喝了很多酒,喝了很长时间。几小时后,这些旅行者跌跌撞撞、手舞足蹈地来到了梅利托车站。席斯从箱子里取出齐特琴,就在火车快开的时候弹起琴来。乘客都跑了出来,火车司机也下了车。甚至车站站长也兴奋地随着音乐跳起舞来。

后来,鲁塞在给埃舍尔的一封信中回忆起这次旅行,并以一首小诗纪念这次意外事件:

Barbu comme Appollon, et joueur de cithare,
*Il fit danser les Muses et meme un chef-de-gare.*⑦

有时,齐特琴的弹奏会带来意外的惊喜。它似乎是比雄辩的言辞和任何其他手段都要好的交流方式,埃舍尔在他发表的一篇游记里也说过此事(发表于 *Groene Amsterdamer*,1932年4月23日):

通常,在卡拉布里亚荒凉腹地不知名的高山城堡,和沿着海岸线的铁路之间的唯一通道是一

8.《持花的妇女》(耶塔),木刻,1925

9.《自画像》,木刻,1923

条赶骡的小路。如果找不到骡子,要穿过这条路就只能步行了。在5月的一个温暖的中午,经过了烈日下漫长的跋涉,我们一行4人背着沉重的背包,汗流浃背、气喘吁吁,终于走进了帕拉佐(Palazzio)的城门。我们直奔小旅店,住了下来。房间很大,也很凉爽,光线从敞开的门透进来,屋子里满是酒味,到处飞着苍蝇。我们早就习惯了卡拉布里亚人阴沉的表情,但从来没有遇到过像这样的敌意。我们友善的问题,只得到了推三阻四不知所云的回答。我们浅色的头发、奇异的服装,以及古怪的背包肯定引起了极大的怀疑。我敢肯定,他们怀疑我们是gettature和mal occhiox[8]。他们总是用后背对着我们,几乎不能容忍我们出现在他们身边。

老板娘阴沉着脸,一言不发,给我们倒酒。这时罗伯特·席斯冷静地、近乎严肃地从箱子里拿出齐特琴,弹奏起来。起初,琴声非常轻柔,席斯仿佛沉浸在音乐之中,被乐器的魔力所陶醉。我

们看着他，观察着周围的人们，我们看到，敌意的邪咒被这种奇妙的方式解除了。随着吱吱呀呀的声音，一张椅子转了过来，让我们看到了一张面孔，而不再是后脑勺……然后，一张又一张面孔转了过来。老板娘犹犹疑疑地、一步一步地走向前来，站在那儿，张大了嘴，一只手叉着腰，一只手摆弄着裙子。等到琴弦归寂，齐特琴手抬起眼睛，看到四周已经围了一群人，人群中爆发出一阵掌声。人们的舌头活络起来："你们是谁？你们从哪儿来？你们来这儿干什么？你们还要去哪里？"然后，我们接受了很多人的敬酒，我们喝得太多太多，但是很快乐，我们的良好关系也好上加好。

与意大利其他地方的风景相比，阿布鲁齐山峦的阴晦令人难忘。1929年春天，埃舍尔独自一人前往那里，去作速写。他夜里到达卡斯特罗瓦尔瓦(Castrovalva)时已经很晚了，匆匆找个住处就上床休息了。早晨

10. 在意大利中部旅行

11. 埃舍尔与同事在他们的双人展上，瑞士

5点,他被一阵沉重的敲门声惊醒。意大利条子(carabinieri)!他们想干什么? 警官命令他立即去警局接受问讯。埃舍尔与他们争执了很久,才说服警官将讯问延迟到7点。但是护照被不容分说地扣押了。然而,当埃舍尔在7点钟到达警察局时,审讯官似乎还未起床,等这位官员出现时已经快8点了。可想而知,接下来是一个严厉的指控:埃舍尔被怀疑有谋杀意大利国王的企图。事情出在前一天的都灵(Turin)⑨——埃舍尔是个外国人,很晚才到达那里,也没有参加当晚在卡斯特罗瓦尔瓦举行的游行。一位妇女在他脸上发现了邪恶的表情(guardava male),就报告了警察。

埃舍尔对这个离奇的故事感到十分恼火,威胁说要告到罗马。于是,埃舍尔很快就获得了自由。

在这里,埃舍尔作了几张速写,其中一张后来发展成为他最美的风景石版画之一——《卡斯特罗瓦尔瓦》(Castrovalva,1930),这幅作品的方方面面都给人留下了深刻的印象。他本人说起过这幅作品:

12.《马赛》,木刻,1936

"我几乎花了整整一天时间坐在那条窄窄的山路旁画着。在我上面是一所小学,我愉快地听着孩子们唱歌时那清脆的声音。"《卡斯特罗瓦尔瓦》是第一幅受到评论家高度赞扬的版画。"我们认为,阿布鲁齐山区卡斯特罗瓦尔瓦的风景可以看做是埃舍尔迄今为止最好的作品。就技巧而言,作品已臻完美。作为大自然的肖像,它出乎寻常地精确,同时又飘逸着梦幻般的气息。这正是卡斯特罗瓦尔瓦,这幅版画不仅表现了卡斯特罗瓦尔瓦外在的风景,更刻画了卡斯特罗瓦尔瓦内在的精神。这处不知名的地方、这条山路、这些云、这道地平线、这个山谷,所有这一切构成了一个整体,这个整体早在这幅艺术作品完成之前就一直存在着……正是在这幅壮观的作品中,卡斯特罗瓦尔瓦展现了它令人敬畏的统一性。"(Hoogewerff,1931)

这个时期埃舍尔还不是很有名。他举办过几次小型的展览,为一两本书画过插图。他本人几乎没有卖出过什么作品,在很大程度上还要依赖他的父母。直到很多年以后,到了1951年,他才靠自己的作品得到了一些收入。那一年他卖出了89幅拷贝,总共得到了5000荷兰盾。到了1954年,他卖出了338幅,得到了16 000

荷兰盾——这时他已经声名显赫了,不过他的出名并不是因为他的风景画与小镇风情,而是因为那些表现了他头脑中不断涌现的新奇观念的作品。

非常遗憾的是,他的父亲再也来不及充分地了解这些作品的价值,老埃舍尔1939年就去世了,享年96岁。版画《昼与夜》(*Day and Night*,1938),这幅代表了他儿子崭新思想世界的第一次重大整合的作品,几乎没有给他留下什么印象。然而,正是由于这位父亲,埃舍尔才能够安安静静地成长,最终达到了这样一种境界,使他的作品具有了独树一帜的原创印记!别有意味的是埃舍尔自己的儿子们,他们曾经如此近距离地经历过众多作品的创生,但是在他们的家里却几乎没有悬挂他们父亲的作品。埃舍尔这样说:"嗯,其实也挂了,《涟漪》(*Rippled Surface*)就挂在丹麦我儿子的房子里,我在那里看见了,我也认为那是幅好画,真的。"

瑞士、比利时、荷兰

1935年,意大利的政治气候已经让他忍无可忍。他对政治毫无兴趣,除了用自己的独特的技法表现自己的观念,他

13.《瑞士之雪》(*Snow in Switzerland*),石版画,1936

与任何宏大理念都格格不入。他厌恶狂热的崇拜和虚假的信仰。他的大儿子乔治刚刚9岁,就被迫在学校里穿上了青年法西斯(Fascist Youth)的巴利拉(Ballila)制服。埃舍尔全家决定离开意大利,他们迁往瑞士,在厄堡(Chateau d'Oex)住了下来。

但他们在那儿没住多久。埃舍尔在所谓的"冰天雪地的白色苦难"中度过的那两个冬天,实在是一种精神折磨。那儿的风景没有激起他丝毫灵感;山峦看上去如同一堆堆废弃的石头,没有任何历史,只是一些没有生机的石块。那儿的建筑一丝不苟地整洁而实用,但激不起半点幻想。意大利南部曾给他带来了巨大的视觉享受,而这里的一切完全相反。虽然他住在那儿,甚至还上了滑雪课,但他始终是个局外人。他渴望从这些僵硬的、棱角分明的环境中摆脱出来,几乎像着了魔一样。一天夜里,他被一阵仿佛大海喃喃的声音弄醒……原来是耶塔在梳头。这唤起了他对大海的思念。"还有什么能比大海更加迷人!一个人独坐小船,那些鱼、那些云;潮动不息的海浪、阴晴无常的天气。"就在第二天,他给阜姆(Fiume)⑩的一家航运公司亚得里亚(Compagna Adria)写了封信。这家公司从事地中海地区的货运业务,船上也能安排少量乘客。埃舍尔的建

议十分特别:他希望用48幅作品来支付自己和妻子的旅行费用。具体来说,12张版画,每张印制4份,版画的题材将来自他在途中的速写。航运公司的答复更加特别——他们接受了他的建议。然而,公司里没人知道埃舍尔是谁,甚至管理层是否有哪怕一名成员对石版画有一丁点儿兴趣也不得而知。一年后,埃舍尔在他的账本里留下了这样的记录:

> 1936年,我和耶塔乘坐亚得里亚航线(Adria Line)的货船作了如下旅行:
> 我,1936年4月27日至5月16日,自阜姆至巴伦西亚(Valencia)[11]。
> 我,1936年6月6日至6月16日,自巴伦西亚至阜姆。
> 耶塔,1936年5月12日至5月16日,自热那亚至巴伦西亚。
> 耶塔,1936年6月6日至6月11日,自巴伦西亚至热那亚。
> 作为交换,我给了他们我在1936年和1937年之间的这个冬天创作的下列版画。

接下来是一份版画的目录,其中我们可以看到《舷窗》(Porthole)、《货船》(Freighter)和《马赛》(Marseilles)。这些画折价530荷兰盾,埃舍尔还补充道:"交付亚得里亚航线税金的全部旅行费用,还要外加300里拉。"

由此可见,曾经有一段时期,埃舍尔版画的价值是以货船的客票来衡量的!

这次涉足了西班牙南部的旅行对于埃舍尔的作品有着深远的影响。他与妻子游历了格拉纳达(Granada)[12]的阿尔汗布拉宫(Alhambra)[13],在这里,他以浓厚的兴趣对墙壁与地面上的摩尔风格装饰艺术(Moorish ornamentations)进行了研究。这是他第二次造访此地。而这一次,他与妻子一起,花了整整3天时间研究它的设计,并描摹了大量图纹(motif)。正是这些,为他日后在周期性空间填充(periodic space-filling)方面的开创性工作打下了基础。

也是在这次西班牙之行中,因为一个误会,埃舍尔被关了几个小时。那是在卡塔赫纳(Cartagena)[14],当时他在画山中散布的老墙。一位警察认为这非常可疑:一个外国人,在这儿画西班牙的防御工事——肯定是个间谍。埃舍尔不得不与他前往警局,他的画也被没收了。山下的港口里,埃舍尔乘坐的货船发出了汽笛声,船长提醒大家,要出发了。耶塔穿梭于货船与警局之间,传递消息。一小时之后,他终于可以走了,但是那些画却永远拿不回来了。30年以后,埃舍尔讲起此事,仍然愤

14.《G·A·埃舍尔像》(Portrait of G. A. Escher),艺术家之父,时年92岁,石版画,1935

15.《自画像》,石版画,1943

慨不已。

1937年,埃舍尔全家迁往比利时,住在布鲁塞尔附近的于克勒(Ukkel)。战争的爆发日益临近,埃舍尔想离自己的国家近些。战争真的来了,一个荷兰人住在比利时,有着很大的精神压力。很多比利时人都想办法逃到法国南部,留下来的人逐渐滋生出一种对"外国人"心照不宣的仇视,因为食物供应越来越少。

1941年1月,埃舍尔搬到荷兰的巴伦。决定去巴伦的主要原因是那儿的中学名声很好。

尽管荷兰的气候也说不上怎么温暖,大部分时候,天气冰冷、潮湿多云,阳光与温暖似乎是一种额外的恩赐,但正是在这里,在他的故乡,这位艺术家最丰富的作品无声无息地喷薄而出。

从表面上看,没有什么重大事情发生,也没有什么重要的改变。乔治、阿蒂尔和杨(Jan)都已长大成人,完成了学业,闯世界去了。

埃舍尔又在地中海地区作了几次货船航行,虽然这些航行并没有再一次给他的作品带来一触即发的灵感。然而,新的版画踩着时间的节拍源源不断地涌现出来。只有1962年停止了一段时间的生产。因为他病了,不得不接受一次大手术。

1969年,他又创作了一幅版画《蛇》(Snakes),证明他在技巧上没有丝毫衰退——这仍然是一幅需要坚定的手臂与敏锐的眼睛才能完成的木刻作品。

1970年,埃舍尔搬到了荷兰北部拉伦(Laren)的罗萨—施皮尔(Rosa-Spier)养老院,在那儿,老年艺术家可以拥有自己的工作室,也有人照料。1972年3月27日,埃舍尔在那里去世。

3 无法归类的艺术家

神秘主义者？

有一次，一位妇女在电话里对我说："埃舍尔先生，我对您的作品完全着了迷，您的版画《蜥蜴》(Reptiles)把轮回再生的过程描绘得那么生动。"我答道，"夫人，如果您那样认为，那就那样好了。"

下面的例子无疑是这种 *hineininterpretieren*［后见之明（hindsighted interpretation）］的最佳范例。据说，如果你仔细观察石版画《阳台》(Balcony)，画面中央的植物大麻就会直接冲击你的视觉；通过对中央部位的强烈放大，埃舍尔使致幻药(hashish)成为作品的首要主题，同时，也向我们暗示了整个作品的致幻意图。

然而，《阳台》中央的那株风格性植物与大麻毫无关系，在埃舍尔制作这幅版画时，致幻药不过是字典里的一个单词。至于说这幅版画有什么致幻作用，如果你是一位视黑为白、视白为黑的色盲，你可以看到这一点。

很少有大艺术家能够摆脱人们对其作品的粗暴阐释，摆脱人们给其作品添加的、在艺术家本人的头脑中一丝一毫也没有出现过的意义！事实上，这些解释与艺术家所想往往截然相反。比如伦勃朗(Rembrandt)[①]的一幅名作，阿姆斯特丹国民自卫队的一幅群像，习惯上被人称为"夜巡"(Night Watch)——不仅普通人如此认为，就连很多艺术评论家也把对这幅作品的解释建立在夜景之上！然而伦勃朗画的是光天化日下的自卫队——是的，阳光明亮。当几百年烟尘污染的表层和年深日久的褪色被清除复原，这一切就一目了然了。

有些时候，很可能是埃舍尔对作品的命名或者选取的题材激发了人们玄奥的解释，但是这些解释与艺术家本人的意图同样没有什么关系。正因为如此，他本人也觉得像《命运》(Predestination)与《生命之路》

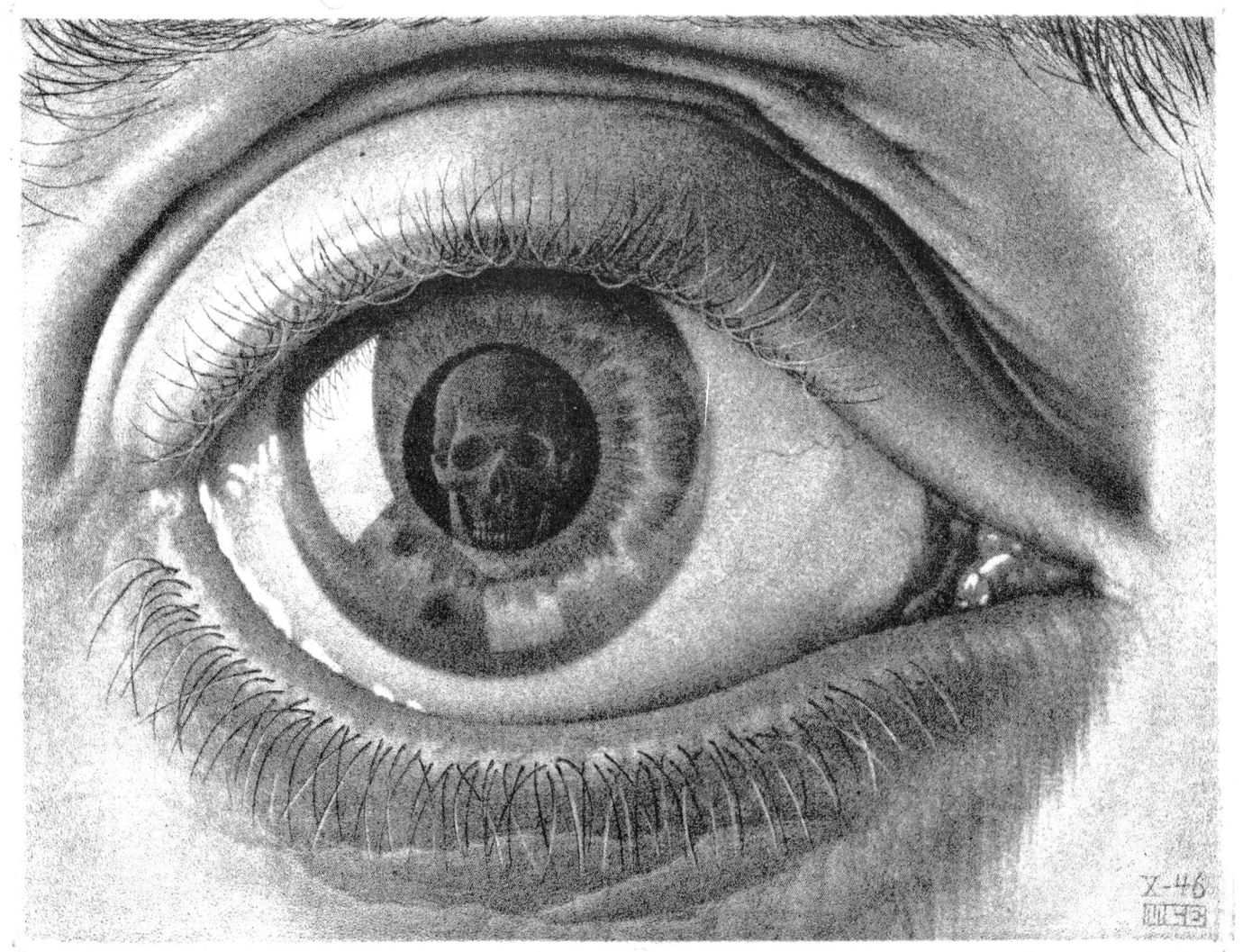

16.《眼睛》，铜版画，1946

(*Path of Life*)这样的标题的确是太夸张了，版画《眼睛》(*Eye*)中瞳孔里的骷髅头亦然。就如埃舍尔自己所言，不要指望从这些作品中发现任何隐秘的意义。"我从未想过描绘什么神秘的东西，某些人宣称的所谓神秘不过是有意或者无意的欺骗！我确实玩过一些小花招，也曾花费很长时间用视觉符号表达某些概念，但目的是要找到一种将这些观念形诸纸上的方法。我想要做的一切，无非是用我的作品记录我的发现。"

然而，不能否认这个事实，埃舍尔的所有作品都有某些奇异之处——如果我们不把这称为不正常的话——而且这一点也的确激起了观赏者的兴趣。

这也正是我自己的经历。有好几年，我几乎每天都要观察石版画《高与低》，我越是投入进去，就越感到怪异。埃舍尔在他的著作《版画作品》(*Graphic Work*)中，对这幅画有一个朴素的描述，他所描述的内容是任何人都可以直接看到的。"……如果观众将目光从地面向上移，就可以看见，他所站立的瓷砖地面在作品中央作为天花板又出现了。但同时，它又承担了作为画面上半部分地面的功能。在整个画面的最上部，瓷砖地面又一次出现，只不过这一次它仅仅是天花板。"这个描述如此平白，直截了当，使我自问："如果是这样的话，为什么所有这一切会如此相合？为什么这些'垂直'线又都弯曲了？在这幅作品的后面还隐藏着哪些基本的原理？埃舍尔为什么要创造这样一幅画？"仿佛我有幸窥见了一条有着复杂图案的地毯的正面，而这种图案本身就会使人追问："地毯的反面是什么样的呢？它们是如何编织在一起的呢？"由于能够在这一点上指点我的只有埃舍尔本人，我便写信请他予以解释。回信是一份邀请，让我过去面谈。那是1951年8月的事情。从那以后我就开始了定期的拜访。他也很高兴有人询问他作品的创作背景、原因和意图。对于我在这方面撰写的文章，他一直表现出浓厚的兴趣。当我在1970年准备此书时，我有幸每星期与他共度几个小时，几乎有整整一年。

17. "如果你能知道我在黑夜之中看见的东西就好了……"

那段时间他刚做过一次大手术，正在恢复。所以有时候，我们的谈话让他非常疲倦。尽管如此，他还是坚持谈下去，他也觉得有必要解释清楚，他是怎样创作这些作品的。埃舍尔还保存了很多作品的前期研究稿（preparatory studies），这使得他能够向我详细阐述它们的来龙去脉。

艺术评论家

就在不久之前，几乎所有的荷兰版画集都没有给埃舍尔的作品以一个恰当的章节。他根本就没有被看做是一位艺术家。艺术评论家看不清他的神龙首尾，只有将他的作品搁置一边。最先表示出极大兴趣的却是数学家、晶体学家（crystallographers）和物理学家。当然……任何不抱有先入之见的人，只要愿意接近他的作品，都可以从中得到享受，而那些只靠艺术史家的评论来欣赏作品的人将会发现，这些评论恰恰是欣赏埃舍尔的障碍。

现在潮流变了，似乎大多数公众已经被埃舍尔的作品征服，官方的艺术评论也随波逐流，表现了他们的兴趣。在海牙为纪念埃舍尔七十诞辰所举行的大型回顾展上，我非常同情地看到，艺评家们徒劳地从历史上寻找与之相似的画家。而这是不可能的。埃舍尔遗世独立，他不可能被划归到任何一个派别，他与同时代的画家有着截然不同的目标。

问一部现代艺术作品有什么含义，似乎是不合时宜的。人们好像都已经默认，作品本身就是意义，因而提问就是无知之举。所以最好的策略是缄口不语，或是表达这样的感慨："雕得真细"，"了不起"，"很迷人，不是吗？""有意思，你觉得呢？"如此而已。

但埃舍尔的作品完全是另一回事。或许是由于这个原因，当他被问及在当今艺术世界中所处的位置时，他很不愿意回答。当然，如果在1937年以前，这个回答也许不是太难，因为那时他的作品总的来说完全是写景的(pictorial)。他作速写,将任何他觉得美的事物画下来,并尽可能地把它们用木面木刻、木口木刻和石版画表现出来。

如果埃舍尔这样继续下去的话,他可以在他那个时代的版画艺术家中得到一个满意的位置。就他这段时期的作品而言,人们会毫不费力地发现这样一位艺术家:风景画诗意迷人,肖像画惟妙惟肖(虽然除了他自己,他只给他的父亲、妻子与孩子们画过肖像)。毫无疑问,这是一位有着高超技艺与卓越鉴赏力的艺术家。那些艺评家在向大众介绍艺术家作品时所惯用的陈词滥调,都可以轻而易举、恰如其分地用在埃舍尔的作品上。

但是1937年以后,写景变成了次要的事情。为了探索连续性和无穷性,为了表现每一幅画面中都存在的三维之二维表现的固有矛盾,埃舍尔开始沉迷于规则性与具有数学性质的结构。这样的主题萦绕在心,挥之不去。现在,埃舍尔正在走一条他人从未走过的路,有无穷的未知等待着被揭示出来。这些新的主题当然也有其自身固有的基本原则——需要发现,需要遵循。在此,偶然性没有任何位置,一切事物都只能以它所出现的方式出现,而没有其他可能。他的写景不过是额外的糖衣。从这时起,艺术评论就对他的作品失去了评判能力。甚至一位对他素有好感的评论家也表示了某种怀疑:"就埃舍尔的作品而言,一直存在着一个问题,那就是他最近的作品能否冠以艺术的名称……他常常能深深地打动我,但是我不能说他所有的作品都是好的。否则就太荒唐了,我想埃舍尔也明智地认识到了这一点。"(G. H. 'sGravesande, *De Vrije Bladen*, The Hague, 1940) 值得注意的是,这里所说的恰恰是现在我们要给予高度评价的作品。这位评论家接着说:"埃舍尔的鸟、鱼及蜥蜴都是言语所不能形容的;它们所需要的新的思维模式,恐怕没几个人能有。"

时间已经证明,赫拉弗桑德(G. H. 'sGravesande)低估了公众的理解力,或者,他考虑的只是那些忠实地追随着画廊与展览、从不错过任何一场音乐会的一小部分人。

然而,埃舍尔本人显然不为任何评论所动,继续在他所选择的道路上前进,这一点实在令人吃惊。他的作品卖得并不好,官方艺术评论常常忽略他,甚至与他关系最为密切的同行也不以为然,但是,他仍然坚持刻画那些盘旋在他头脑中的东西。

理智(Cerebral)

对于那些把艺术作为情感之表现的人来说,埃舍尔1937年以后的所有作品都古怪得难以索解。因为他的作品无论是目的还是手法都非常理智。当然,这不能削弱这样的事实:发现的惊喜常常能够在他所要传递的信息中、在他所要表现的智力内容中不期而至;从画面上华丽的装饰图案中(虽然并非从情感因素中)油然而生。然而,所有欣赏埃舍尔的评论家都尽量回避理智这个词。在音乐中,乃至在造型艺术中,这个词都几乎是反艺术的同义词。我感到非常奇怪的是,为什么要把智力元素如此严厉地排斥在艺术之外。在文学方面的文章中,理智这个词虽然也没有起过什么作用,但肯定不是一个必须反对和排斥的学术术语。很显然,主要的问题在于,埃舍尔想要用一种形式来表达思想方面的内容,而这种形式一向是被用来引发想象、激发情感的。在我看来,一幅作品是否被冠以理智的名号是无关紧要的。事实很简单,现在的艺术家们并不特别在乎,是否有什么思想方面的内容可以画在作品中激发灵感。问题的关键在于,艺术家应该能够把萦绕在他们头脑中的任何事物用独特的形式表达出来,所以才将不能用言语表达的内容付诸画笔。就埃舍尔而言,他的所思所想集中在规则性、结构和延续性等方面的内容上,集中在对空间物体之平面表现的可能性探索中,并从中获得了无穷的乐趣。他不能将这些想法用言语表达,但他无疑能够把它们清楚地表现在画纸上。在智识(mind)的意义上,他的作品已经达到了很高程度的理智,是理性思维的绘画表现。

艺术评论家最重要的作用便是通过对作品的评论,帮助观众了解作品,并引导观众深入到作品内部,直接与作品对话。

就埃舍尔的作品而言,一开始,评论家似乎可以毫不费力地加以评论。他只需要对他所看到的作品做一个准确的描述就可以了,不用表示自己的主观情感。对于初次接触埃舍尔的人来说,为了让他们能够亲近作品,进而"理解"作品,从中获得发现的惊喜,这或多或少都是必要的。正是这种惊喜构成了埃舍尔本人的灵感核心,而作品的最终目标就是将这种由发现而产生的惊喜表达出来。

然而,他的大部分作品所包含的内容却不只如此。埃舍尔的每幅作品都是(即使是暂时的)一支乐曲的尾声。任何人,只要他不满足于以肤浅的、表面的方式理解并欣赏这个尾声,都必将会面对整部乐曲。埃舍尔的作品耐人寻味,意味深长。他把他的版画变成了他的阶段性发现的报告和总结。由于这个原因,评论家的任务就更加艰难了,因为现在,他们必须深入版画所预设的基本前提,才能说明作品是如何与之相衬的。如果得到的答案在结构性层面上,他们还需要对作品的数学背景加以解释,而这又要研究埃舍尔所作的素描草案。

如果一位艺评家做到了这一点,他就可以帮助观众看到其中创造性的火花,为他们的理解增加一个新的维度。只有这时,作品才能成为活生生的体验,它所具有的丰富性与多样性才能与它原初的灵感琴瑟相合。

提及灵感,埃舍尔曾说:"如果你能知道我在黑夜之中看见的东西就好了……有时,我因为不能以视觉符号表达它们而感到焦躁、沮丧。与那些思绪相比,我的每一幅作品都是失败的,甚至,连它们的一角都表现不出来。"

4 生活与工作的反差

二元性

埃舍尔对于黑与白的对比有着特殊的偏好,这与他极力推崇的二元思想是一致的。

> 没有恶,就没有善。如果你接受了上帝这种观念,你就得同时假设一个魔鬼。这就是平衡。这种二元性构成了我的生活。然而,人们告诉我情况并非如此。他们总是把简单的事情敷衍上各种玄虚的含义,其实事情本来很简单:白与黑,昼与夜——这就是版画艺术家所赖以生存的内容。

无论如何,显而易见,这种二元性构成了他整个性格的基础。埃舍尔的作品充满着理性的色彩。但是,对于大自然的美,对于日常生活中的很多事务,对于音乐和文学,他的欣赏都是出于强烈的本能。这与他作品中冷静的理性和创作计划的严谨周到形成了鲜明的对比。他非常敏感,他对事物的反应与其说是理性的,不如说是感性的。这里,我从他给我的大量信件中选出几个片断,让没有亲自接触过他的人感受一下。

> ……字写得这么抖,我很烦;这是因为我太累了,甚至右手也这样,尽管我都是用左手画画、雕刻。可是我的右手似乎也分担了很多压力,出于同情,跟着累了。
>
> 棱镜的折射效果如此奇妙,我真应该早一点发现它[我送给埃舍尔一对棱镜,让他注意它们产生的反影效果(pseudoscopic effect)[1]]。就我做的实验而言,最令人震惊的效果在于它可以使远处的东西移到前面来。远远地在雾中若隐若现的枝条,突然像变戏法一样跑到眼前触手可及的大树前面!为什么这样的现象令我们如此感动?毫无疑问,这需要有孩子般的丰富的好奇心。

这我可一点儿都不缺:惊奇是大地之盐②。

1956年10月12日

又到家了,在地中海的货船上航行了6个半星期。是梦,是真? 一艘老汽船,一艘梦之船,带着一个叫做Luna(月亮)的名字,带着我,一个丧失了意志的乘客,经过马尔马拉海(Marmora)④来到拜占庭(Byzantine),那个毫无真实感的大都市,有150万东方人像蚂蚁般涌来涌去……然后,来到田园般的海滨,拜占庭风格的小教堂掩映在棕榈树和龙舌兰的林中……

我现在仍被Mrkos彗星(1957d)所带来的日复一日的幻境(dreamswell)所迷惑,整整一个多月,我一直看着它,夜复一夜,就站在"月亮"号漆黑一片的甲板上……在闪烁的星空中,它带着一条稍稍弯曲的尾巴,刺人眼目,令人惊叹……

1957年9月26日

对于我来说,月亮象征着冷漠,它缺少惊奇,恐怕大多数人也都命定如此。当人们看到高悬天际的月亮,有谁会感到惊奇?对大多数人来说,她只不过是个圆盘,时圆时缺,与一盏街灯也差不了多少。列奥那多·达·芬奇(Leonardo da Vinci)曾经这样写道,"La luna grave e densa, come sta, la luna?"③有人把grave e densa翻译成深沉而凝重。列奥那多用这些词语准确地表达了我们凝视月亮时那紧紧抓住我们的令人窒息的惊喜,这个巨大的、深沉凝重的圆盘,高高地浮在天空。

1957年11月6日

我在写这段文字的时候,就在我的工作室的大窗户前,可以看到一场迷人的表演,表演者是一群技艺高超的杂技演员。我在离窗户几英尺(一英尺约为0.3米)远的地方给它们拉了根绳。于是我的杂技演员就在那儿做起了平衡表演,技艺高超,炉火纯青。它们忽上忽下,让我目不暇接,美不胜收。

我的演出队由黑山雀、蓝山雀、泽地山雀、长尾雀和冠羽雀组成。时不时地就有一对凶猛的五子雀(背蓝,腹部橘黄)用短粗的尾巴和啄木鸟一样的尖嘴将它们赶跑。害羞的知更鸟(虽然它们在自己家里也像其他成员一样自私排他)只能不时地鼓起勇气啄一粒种子,一旦山雀赶回鸟食台(bird table),它就连忙溜走。我还没看见长着斑点的啄木鸟,一般情况下它要到深冬季节才会回来。朴实天真的画眉与燕雀站在地上,心满意足地吃着从上面落下来的谷子。落下来的还真不少;主要是因为五子雀像海盗一样粗鲁无礼、邋邋遢遢;一旦它们在鸟食台上大吃大喝,就会把很多谷子弄到地上来。每年,山雀们都要学一种本事,就是倒挂起来啄食串起来的花生。刚开始的时候,它们总想保持平衡,拍扇着翅膀去啄食摇摆不定的花生串,但很快它们就发现,扇动翅膀的时候啄食或者啄食的时候扇动翅膀都不太可能。所以它们终会知道,啄食花生的最佳姿势是大头朝下,倒挂金钟。

1957年12月1日

同伴

> 我的工作与人毫无关系,与心理学也没有关系。我不知道怎样去应付现实;我的工作也不接触现实。我想,这全错了……我知道,人们期待你与他人接触,给他们提供帮助,让他们尽可能过得好。但我对行善毫无兴趣;我有一个很大的花园,就是想让别人离我远远的。我想他们会闯进来,大喊大叫:"你要这么大的花园到底是什么意思?"他们当然很有道理,但我看到他们在那儿我就不能工作。我很内向,很难与陌生人相处。我从不喜欢串门……我的工作需要一个人独处。我不能容忍任何人从我的窗前走过。我回避喧闹与嘈杂的场所。从心理上来说我不能给别人画像。让一个人在我面前坐着,会让我非常拘谨。
>
> 为什么我们不得不面对这悲惨的现实?为什么我们不能自行其乐?有时我会冒出这样的念头:"我应该这样继续下去吗?我的工作还不够沉重吗?想象一下,在我做这些事的时候,电视上说的是可怕的越南问题……"
>
> 我真的没有感受过什么兄弟般的感情。对于这样的感情我总是不能相信。当然,那些真正的好人例外,而他们却不会自唱赞歌。

这些愤世嫉俗的言辞是埃舍尔在接受《自由荷兰》(*Vrij Nederland*)杂志记者访问时说的。他在私下里的言谈中也有很多话可以作为旁证,埃舍尔相信那些顽强地劝人信教的人是在行骗;埃舍尔始终认为人与人之间是弱肉强食,势不两立的;还有他对自杀也有高见(他的意思是说,如果你觉得活够了,就应该有能力自己决定是否应该消失)。

当埃舍尔表达这些观点时,他是从心底里这么想的。但这里显然有一个矛盾。因为埃舍尔在与他人的交往中是个谦谦君子,绝对不会去对人使坏,甚至做梦也不会想去伤害别人。

就在那次采访中,埃舍尔对这样的事表示了反感——至今仍然有一些人,将他们的生命献给错误的信念,在修道院里终老一生。有一次谈话的时候,他异常激动地给我看一篇报纸上的文章,上面说一位修女为了解除人们在越南遭受的痛苦,决定一辈子待在修道院里。

埃舍尔在金钱方面从未有过烦恼,只要他需要,他的父亲就会给他经济上的帮助。1960年以后,他开始凭自己的作品赢得大笔收入,但他对金钱还是毫无兴趣。他继续像从前那样,过着节俭的生活,而且是非常的节俭,比苦行僧强不了多少。想到他的作品可以卖得这么好,他感到很高兴,因为,在他看来,这个成功明确地意味着他已经被公众所认可。与此同时,银行账户上的数字不断增加,但他无动于衷。"现在,我可以卖掉大量的作品。如果我的工作室有几个助手,我可能会变成百万富翁。他们可以整日不停地印制木刻,满足各方面的需求。但我不打算做这样的事情,想都没想过!"

"那差不多和银行本票一样,只要你把它印出来,就能换回钱来。"在一次访谈中他说道,"你知道吗,我有几年时间,受荷兰银行的委托,设计100荷兰盾的纸币。但这件事最后不了了之了,可是现在,我却在用我的原始方法生产我自己的500美元大钞！"

后来,当他在经济上不再那么依靠父母,当他的作品突然能给他挣回很多钱的时候,他依然生活俭朴。他把自己的很多收入分送出去,帮助那些遇到困难的人。尽管他认为每个人都应该养活自己,别人的痛苦与他根本无关,他还是做了这些事情。

这种矛盾是他性格中永远存在的一部分。如果我们知道他对妥协的憎恨,对真诚与纯净的渴望,也许我们可以解释,为什么这种对立的因素会在他一个人的性格中结合起来。他意识到自己对外界的投入太少,因此失去了一些有助于和同行搞好关系的机会。而另一方面,他从不愿意虚与委蛇,故作热情。他把整个精力完完全全地投入到工作之中,投入到只与他的艺术领域相关的理想之中,以至于他不再有能力去关心人类这个大家庭的祸福。他很清楚地意识到这一点,并为此而难过,其实他应该回避别人的痛苦与他无关这样的说法。无论如何,当他感到有人确实需要关心时,他不会用言语推托,而会用实际行动去帮助。

这些事实可能会给人一个印象,他不需要理会任何同行对他作品的看法,无论是肯定的还是否定的评论对他都没有影响。的确,他找到了自己的方向,形成了自己的风格,尽管他能够从中获得的收益已经小得不能再小,他也心甘情愿。而实际上,纵观他的整个创作道路,他的作品销路越来越广。他不创作只印一次的版画,也不限制印数。他的印制总是有条不紊、精益求精,只要有需要,他就会做。有一次我问他,我是否可以印制6幅标准尺寸的作品,按成本价格卖给数学杂志《毕达哥拉斯》(*Pythagoras*)的年轻读者,他没有丝毫反对。而当藏书家组织德鲁斯基金会(De Roos Foundation)⑤请求他写一本配有插图的小书时,他却给我写了一段这样的话:

……书的封面珍贵异常(在我看来,这太豪华了,然而,甚至那些愚蠢的书目索引竟然同样豪华),印数限定为175册,只为德鲁斯的会员出版——他们居然肯为这种特权花费如此巨额的资金！然而,他们的珠光宝气与我的本性格格不入,令我发指的是,其中大多数会落到那些注重形式胜过内容的人手中,他们可能读得很少或根本不读……书籍的出版要限定印数,只供给所谓的精英,这样的事情总是让我感到有点鄙夷和愤慨。

1960年,尼科尔(Hugh Nichol)教授为埃舍尔的作品写了一篇文章,题为《人人的艺术家》(*Everyman's Artist*),埃舍尔感到十分自豪。

有一件事让他感触颇深,当他知道有一些并没有什么钱的人买他的版画时,他说:"他们把每分钱都省下来买画,这本身就说明了一切;我唯一的希望是他们能够从中获得一些灵感。"有一次,他满怀喜悦、小心翼翼地向我展示了一封信,信是一群美国年轻人写的,在一幅画下面写着这样的话:"埃舍尔先生,感谢你的存在。"

有人说埃舍尔是个难以相处的人,但在我的记忆中很少有人比他更加和善。他讨厌那些并不真正欣赏他作品的人,那些只想告诉别人他们与埃舍尔说过话的人,或者是那些想利用他的人围在身边。他觉得自己的时间太宝贵了,不值得浪费在这些谄媚阿谀的人身上。

在他看来,他的作品与工作比任何事情都重要。但他仍然有能力从一个旁观者的角度,以人类的全部艺术创作为参照，审视自己的作品。当他全神贯注地投入创作时，对他来说，那就是世界上最重要的事，在这个时候，他不能容忍一丝批评，即使是他最亲密的朋友也不例外。因为这会打扰他下一步工作的信心。然而一旦创作到了尾声，他自己就会对作品采取一种极端的批评态度，也开始接受别人的批评。"我觉得我的作品是最美的，同时又是最丑的！"

他在家里从来不悬挂自己的作品，甚至工作室里也没有。让自己的作品围在身边，他觉得不能忍受。

18. 吉西农·德梅斯基塔

> 我所创作的东西没有任何特殊之处。我真不明白为什么没有更多的人来做。人们不应该让我的作品弄昏头脑；他们应该向前走，为自己做点什么；那无疑会给自己带来更多的乐趣。
>
> 当我开始做一个东西的时候，我想，我正在创作全世界最美的东西。如果那件东西做得不错，我就会坐在那儿，整个晚上含情脉脉地盯着它。这种爱远比对人的爱要博大得多。到了第二天，会发现天地焕然一新。

埃舍尔与吉西农·德梅斯基塔

埃舍尔与众不同，他对他的木刻艺术老师吉西农·德梅斯基塔的忠诚与感激也与众不同。在他工作室的柜门上，一直挂着一张老师的照片。我问他，我是否可以复制一张，他同意了，条件是我必须在一星期之内还给他。埃舍尔对德梅斯基塔的一幅画也有着同样的眷恋，那是他在德梅斯基塔被抓进德军集中营之后，在他那已无人烟的家里找到的。1945年，埃舍尔在这幅画的背后以他惯有的细腻准确的风格写了几行字，表达了他内心深处的强烈感情：

"1944年2月底，在吉西农·德梅斯基塔家中发现，就在门后，被德军钉有鞋钉的靴子踩过。大约4个星期之前，1944年1月31日至2月1日的夜里，德梅斯基塔一家被拖下床，带走了。2月底我到那儿的时候，大门依然敞着。我上楼来到工作室，窗户全打碎了，风灌满屋子，几百幅图稿散落在地板上，一片狼藉。我在5分钟之内尽可能地清理出所能带走的东西，用几片硬纸板做了一个文件夹装起来。我把这些作品带到了巴伦，总共约有160幅，几乎都是版画，签了名字和日期。1945年11月，我把它们移交给阿姆斯特丹市立博物馆（Municipal Museum in Amsterdam），我计划为这些作品，还有德梅斯基塔已经保存在那里的作品，以及保存在比瑟姆(Bussum)的布维(D. Bouvy)手里的作品举办一次展览。现在我们不得不接受这个事实,吉西农·德梅斯基塔,他的妻子以及他们的儿子亚普(Jaap),都死在了德军集中营中。

1945年11月1日,M·C·埃舍尔"

19. 德梅斯基塔创作的版画,被德军军靴践踏了

5 作品的演化

主题(Themes)

如果我们把埃舍尔的工作视为一个整体,就会发现,除了以意大利南部和地中海为主题的一些作品——这些版画几乎都创作于1937年之前,大约有70多幅作品(1937年以后)都带有数学的味道。

在这70多幅作品中,埃舍尔从未重复自己。他只有在接受订单时才可能肆意重复。如果我们把他自由

1. 空间结构

风景画   不同世界的交融   抽象的数学立体

《意大利南部小镇》   《手执反射球》   《群星》

2. 平面结构

变形   循环   探寻无穷

《发展Ⅰ》　　　　　　　　　《蜥蜴》　　　　　　　　　《圆极限Ⅰ》

创作的第一幅到最后一幅作品排列起来，就会看到，他所进行的是一次发现之旅，而每一幅作品都是一个发现的记录。为了对他的工作有一个透彻的了解，我们不仅要仔细分析他的每一幅作品，而且要把70幅作品作为一个整体，作为埃舍尔发现之旅的航海日志来读。这个航行横跨三个区域——换句话说，我们可以从他那些具有数学意味的版画中分辨出三个主题。

  1. 空间结构（spatial structure）。把埃舍尔的工作视为一个整体，就可以看到，即使是1937年以前的风景画，其目的也不在于生动美丽的风景，而在于结构。如果后一特点全不存在，比如在废墟里，埃舍尔对这风景也就没有什么兴趣了。他虽然在罗马旅居了10年，整日穿梭于古代文明的遗迹当中，但他几乎没有为它们创作过版画。他也曾多次去庞贝（Pompeii）古城旅行，同样没有在他的创作中留下任何痕迹。

  1937年以后他不再用分析的方法来处理空间结构。他不再把他看到的空间实体原封不动地转移到画面上，而是进行了整合，将不同的空间实体合而为一，在同一幅作品中表现出来，使之浑若天成，不容置疑。

3. 空间与平面在绘画表达上的关系

表现的本质   透视   不可能图形

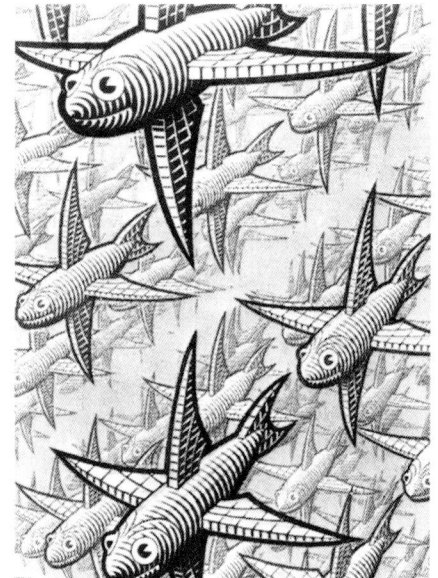

《龙》　　　　　　　　　《深度》　　　　　　　　　《观景楼》

我们可以在那些不同结构互相渗透的作品中看到这样的结果。埃舍尔对严谨的数学结构的关注在后期达到了极点，而这种关注源自他对晶体形态的崇拜。空间结构的主题又可以分为如下三类：

a. 风景画(Landscape prints)

b. 不同世界的交融(Interpenetration of different worlds)

c. 抽象的数学立体(Abstract, mathematical solid)

2. 平面结构(flat surface structure)。这类作品开始于他对规则镶嵌图案(即，全同的或渐变的平面分割)的兴趣，尤其是阿尔汗布拉宫之行激发了他的灵感。经过大量研究，他作出了这种周期性图形的完整系统，①这对于一个非数学家来说，绝非易事。

后来，这种周期性图案又出现在他探索无穷的作品中，虽然这时平面上填充的图案已非全同而是相似。由此产生了更为复杂的问题。这类作品要到后期才会出现。

平面结构的研究成果大致可以分成如下几类：

a. 变形(Metamorphoses)

b. 循环(Cycles)

c. 探寻无穷(Approaches to infinity)

3. 空间与平面在绘画表达上的关系(the relationship between space and flat surface in regard to pictorial representation)。埃舍尔很早就意识到了所有的空间表现所先天具有的矛盾——那就是，三维的空间必须表现在二维的平面上。对此，埃舍尔惊叹不已，并在他的透视类作品中表达出来。

埃舍尔对文艺复兴以来一直在空间表现上占主导地位的透视法进行了严格的审视，他发现了新的法则，并将这个法则在他的透视类作品中展现出来。平面表现所能营造出来的三维空间甚至可以达到这样的程度，在三维空间中不可能存在的世界也能在二维平面上营造出来。一个画面看起来似乎是三维物体在二维平面上的投影，却是现实空间中不可能存在的一个影像。

在最后这一部分里我们也发现了三类作品：

a. 表现的本质(The essence of representation)[立体与平面的矛盾(conflict between space and flat surface)]

b. 透视(Perspective)

c. 不可能图形(Impossible figures)

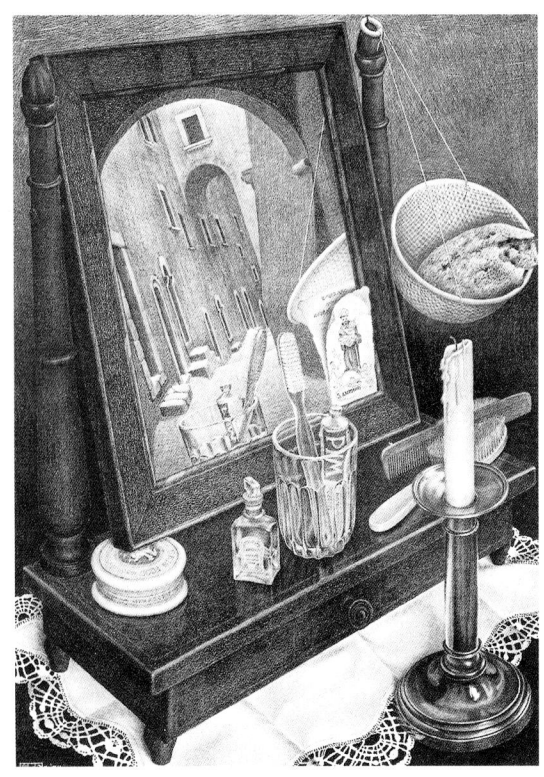

23.《镜前静物》，石版画，1934

24.《三个世界》，石版画，1955

25.《变形I》,木刻,1937

编年

仔细分析一下埃舍尔1937年以后的作品,就可以看出其不同的主题出现在不同的时期。这个事实没有被早些注意到,很可能是因为分析他的作品具有一定的难度;而且因为这样一个事实,即在任何一个时期,都有几个主题同时占据着埃舍尔的大脑。此外,每个时期都有一段时间的前发展期,所以很难作出清晰的划分;更有甚者,某个特别的主题很可能会再次出现,即使那类主题的鼎盛时期已经过去。

我们将努力按年代顺序划分各个时期,用一些作品作为某个时期开始与结束的标志。我们也会从我们的角度,说明哪幅作品是那个时期的代表作。

1922~1937,风景画时期(Landscape Period)

此类作品大多描绘了意大利南部与地中海沿岸地区的风光与小城镇。此外还有几幅肖像画、一些植物画与动物画。这一时期的顶峰之作无疑是《卡斯特罗瓦尔瓦》(1930),一幅描绘阿布鲁齐山区小镇的大幅石版画。1934年的石版画《镜前静物》(*Still Life with Mirror*)表明,他又有了新的思路。在这幅画中,两个世界的交融是通过梳妆镜中的镜像得以实现的。这个主题可以看做是风景画的直接延续,是唯一不受限于任何特定时期的一类作品。这类作品的最后一幅是1955年问世的《三个世界》(*Three Worlds*),这是一幅石版画,洋溢着宁静的秋日之美。我们不妨把它看做一幅顶峰之作。未经深思的观众几乎意识不到,对于埃舍尔来说,能够将三个不同的世界成功地表现在同一个场景之中,而且又如此真实,是多么巨大的成就啊!

1937~1945,变形时期(Metamorphoses Period)

《变形I》(*Metamorphosis I*,1937)可以作为这一时

26.《晶体》,铜版画,1947

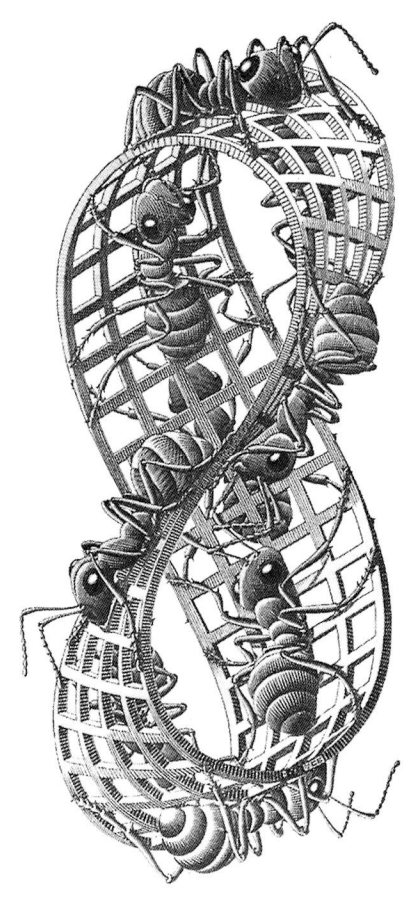

27.《默比乌斯带 II》，木口木刻，1963

28.《瀑布》，石版画，1961

期作品的先兆，在这幅版画中，一个小镇通过一些方块逐渐变形，最终变成了一个中国布偶。

要指出这一时期的高水准作品并非易事。我愿意将《昼与夜》(1938)作为代表，从中我们可以发现这段时期作品的所有特点：它画的是变形，同时又是循环；而且，我们还可以观察到从二维(通过翻犁的田地)到三维(鸟)的转变。这一时期的最后一幅变形—循环作品是《魔镜》，1946年问世。

表现的本质在第一批变形作品(即，从二维向三维的演变)中已经若隐若现，最后在这一时期的最后一幅作品《多利安柱》(*Doric Columns*，1945)中得到了明确的诠释。1948年，他创作了一幅漂亮至极的作品《画手》(*Drawing Hands*)[2]，这个主题的最后一幅版画《龙》(*Dragon*)作于1952年。从年代来说，刚刚提到的这些作品一直延续到下一个时期。

1946~1956，透视类作品时期(Period of Perspective Prints)

在1935年的《罗马圣彼得教堂》(*St. Peter's*，*Rome*)和1928年的《巴别塔》(*Tower of Babel*)的创作中，埃舍尔对于非传统视点的特殊兴趣已初露端倪。在此，问题不在于画什么，而在于怎样画出他所采用的特殊透视法的特殊性质。但是，直到1946年，在传统透视法则之外的重大探索才真正开展起来。铜版画《彼岸》(*Other World*，1946)虽然作为作品并不很成功，但是它引入了这样一个点，这个点同时既是天顶(zenith)，又是天底(nadir)，还是灭点(vanishing point)[3]。这个时期的最佳范例无疑是《高与低》(1947)，除了能够从中看到灭点的相对性，我们还可以看到成束的平行线被画成了汇聚一点的曲线。

在这一时期的末尾，又出现了向传统透视法的回归[《深度》(*Depth*)]，当时埃舍尔正致力于表现空间的无限性。

同样在这个时期，埃舍尔又显露了对简明的空间几何图形的兴趣，率先出场的是正多面体(regular multisurfaces)、空间螺线(spatial spirals)和默比乌斯带(Moebius strips)等。埃舍尔这种兴趣从他对天然晶体的喜爱中已经看出苗头。他的哥哥是位地质学教授，曾写过一本关于矿物学与晶体学的教科书。在这一时期，埃舍尔的第一幅作品是《晶体》(*Crystal*，1947)，最好的应该是《群星》(*Stars*，1948)。最后一幅作品作于1954年，完全是立体图案[《行星四面体》(*Tetrahedral Plane-*

toid)]。我们在以后的作品中也会发现一些立体图形,但那只不过是作为装饰而已,譬如在《瀑布》(1961)中拐角处的塔顶。

尽管表现默比乌斯带的作品要到很晚才能出现,但它们无疑应该列入这一时期。当时埃舍尔完全不知道这些图形的存在,他的一位数学家朋友一告诉他,他就立即把它们用在作品中,仿佛要弥补他的怠慢似的。

1956~1970,探寻无穷时期(Period of Approaches to Infinity)

这一时期开始于1956年的木口木刻《小上加小I》(*Smaller and Smaller I*)。彩色木刻《圆极限III》(*Circle Limit III*,1959)可以说是这类题材的最佳作品,即使埃舍尔本人也这样认为。此外,埃舍尔1969年创作的他此生的最后作品《蛇》,也属于探寻无穷。

在这个时期,所谓的不可能图形也出现了,第一幅是《凸与凹》(1955),最后一幅是《瀑布》(1961)。

这个时期最有智慧、给人印象最深的作品,毫无疑问也是埃舍尔一生的巅峰之作,就是《画廊》(1956)。如果有人要用衡量其早期艺术作品的美学标准来衡量它,他可能会找出很多毛病。但是,适用于埃舍尔其他所有作品的评价标准在此同样适用:仅仅借助于感官,就会错过这位艺术家最深刻的意图。埃舍尔本人的评价是这样的:在《画廊》中,他已经达到了他的思维能力和表现能力的最遥远的极限。

前奏与变调(Prelude and Transition)[④]

埃舍尔作品最重大的变化发生在1934年至1937年之间。这个转变与他的搬家正相吻合,当然,无论如何不能以这种方式来解释。但是,只要埃舍尔还住在罗马,他就会在意大利美丽的风景中沉迷下去。而在他搬离意大利前往瑞士,再赴比利时与荷兰之后不久,一种内在的变化发生了。他再也不能从外部的可视世界中找到同样的灵感,只能唯以数学化的方式方可表达和描绘智力上的创造。

毫无疑问,没有哪一位艺术家能够经历这种突如其来的强烈转变。如果他没有数学上的潜质,其作品的数学转向是永远不可能发生的。但是,如果把这种数学潜质等同于科学意义上的数学兴趣,那就错了。埃舍尔曾坦率地向所有能听得进去的人声明,就数学而言,他完全是个门外汉。他曾经在一次采访中说道:"我的数学从来没有及格过。滑稽的是,我似乎还不知道怎么回事就理解了数学理论,的确,我在学校里的成绩非常差。可是现在,好家伙——数学家在用我的版画给他们的著作作插图。真想不到,我竟然与这些有学问的家伙一唱一和,仿佛我是他们失散多年的兄弟。我猜他们对我在数学方面的无知肯定也一无所知。"

然而,这的的确确是事实。不论谁想与埃舍尔讨论数学,只要超过最起码的中学数学知识,就会像考克斯特(H. S. M. Coxeter)[⑤]教授那样失望。这位教授被埃舍尔作品中的数学内容深深地迷住了。他邀请这位艺术家去听他的讲座,并相信埃舍尔肯定能够理解。因为这个讲座所讨论的正是埃舍尔曾在作品中画过的东西。或许我们可以预料,埃舍尔一点儿都听不懂。他不喜欢抽象概念,尽管他也认为这些概念很好,尽管他也崇拜那些对抽象概念了如指掌的人。不过,只要抽象的概念与具体的现实能够有一点联系,埃舍尔就有

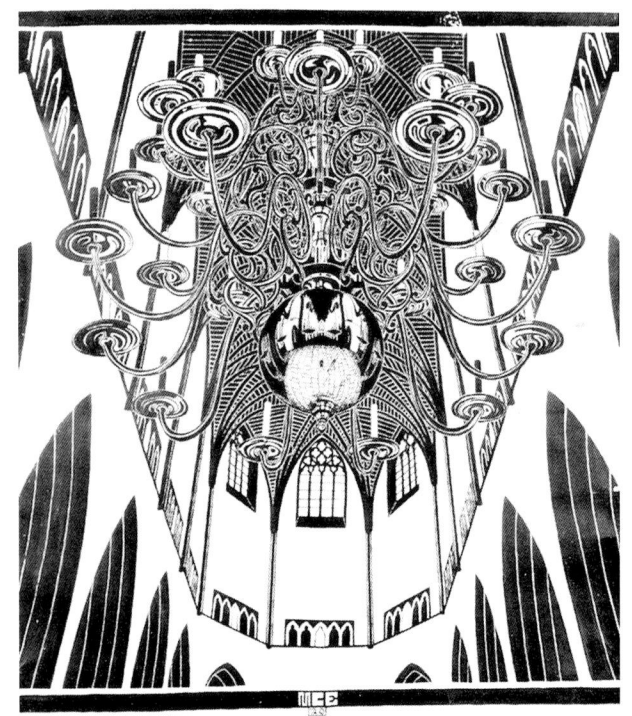

29.《哈勒姆圣巴沃教堂》,墨(India ink),1920

30.《椅中自画像》,木刻

了用武之地,这个概念就能迅速地以某种具体的形式表现出来。他不像是数学家,更像个技艺娴熟的木匠,只用折尺与量规干活,心中早有了家具的模样。

在他最早期的作品中,甚至早在他在哈勒姆上大学时,我们就可以发现一个前奏,虽然这些将要再现的主题只有那些确实了解他后期作品的人才能知道。1920年,他在圣巴沃大教堂画了一幅钢笔画(图29),画在一张长宽达1米的画纸上。一只巨大的铜制的枝状烛台,姑且说,被关在教堂一侧的过道里。但是从烛台下面闪亮的圆球上,我们可以看到其中反射的整个教堂,甚至还有艺术家本人!我们看到,这里已经有了对透视法的探索,也出现了以凸镜反射来实现的两个世界的交融。

自画像一般都在镜子前面完成,而这一时期有一幅自画像(木刻),镜子尽管也非用不可,但是在画面中却不落痕迹。埃舍尔将镜子在床边放成一个角度,就画出了这幅视角怪异的自画像。

1922年,在他的艺术生涯刚刚开始的时候,埃舍尔创作了这样一幅木刻版画:无数个头像填满了整个画面。这幅画是由同一块版重复印制而成的,这块版上有8个头,4个朝上,4个朝下。这种东西并不在老师德梅斯基塔的教程中。无论是平面的完全填充,还是同一块版彼此相邻地反复印刷,都是埃舍尔自己的首创。

在他第一次游历阿尔汗布拉宫之后,我们可以看到,他利用周期性平面分割进行了新的尝试。有几张当时的速写和几幅印染设计图 (textile-design prints) 从1926年保存至今。*这些图案还不够自然,多少有些蹩脚。有一半生物都站在别人的头上,小小的图形十分简陋,缺少细节。当然,这些尝试足以表明这样的探索是何等不易,即使埃舍尔也不例外!

在他1936年第二次去阿尔汗布拉宫之后,他对周期性

---

* 在读过这一部分的手稿之后,埃舍尔作了这样的批注:"他一直关注着用做平面填充的图形的可辨识性(recognizabiliy)。每一个元素必须能使观众联想到某种可以识别的形状,它或者来自活生生的自然(一般是动物,有时是植物),或者是日常用品。"

平面分割的可能性作了系统的研究。很快，一系列杰出的原创性作品源源不断地涌现出来：1937年5月，《变形I》；11月，《发展》(Development)；1938年2月，闻名遐迩的木刻《昼与夜》，这幅作品立即给埃舍尔的崇拜者造成了巨大的震撼，并从那时起成为最受欢迎的作品之一。1938年5月，石版画《循环》(Cycle)问世了；6月，与《昼与夜》或多或少有些相似的主题又出现在《天与水I》中。

现在，意大利南部的景象与小镇风情一去不复返了。埃舍尔的大脑中曾经充盈着这些风景，他的画夹里还夹着几百幅速写。日后他还将利用它们，但不是作为作品的核心题材，而是作为补白，作为辅助材料，因为作品的内容是完全不同的类型。1938年，赫拉弗桑德为这类新的作品写了一篇文章，刊登在《埃尔塞维尔月刊》(*Elsevier's Monthly Magazine*)11月号上："然而，无休无止地制作风景画显然不可能满足他的哲学头脑，他在寻找其他目标。所以他制作了一个玻璃球，在里面放了一张肖像，这真是最令人称奇的艺术作品。一个新的概念就促使他制作一些作品，在这些作品中，他无可怀疑的建筑癖好正好可以与他的文人精神相辅相成……"接下来是对埃舍尔1937年至1938年作品的描述。

31.《天与水I》，木刻，1938

在赫拉弗桑德另一篇文章的结尾，我们可以看到这样的句子："埃舍尔将来所能给予我们的实在是难以预料——当然他现在还相当年轻。如果我说得不错，他必然会超越现在的这些试验，将他的技巧应用到工业设计、纺织图案以及陶瓷设计等方面，因为他的技巧在这些方面尤其合适。"确实如此——没人能够作出预测，赫拉弗桑德不能，甚至埃舍尔本人也不能。

埃舍尔的新作并没有使他的声名更广，整整10年，官方的艺术评论完全弃他于不顾，就像我们在前面说过的那样。但是1951年2月，在期刊《工作室》(*The Studio*)上，马克·塞韦林(Marc Severin)发表了一篇分析埃舍尔1937年以后作品的文章，就这么一下，埃舍尔立即广为人知了。塞韦林称埃舍尔为一位值得注意的有独创性的艺术家，说他能够以一种最震撼人心的方式描绘事物的数学特性所具有的诗意。从来没有人在一份正式的艺术杂志里给予埃舍尔的作品如此深入、如此赞赏的评价，这使得这位年已53岁的艺术家备感温暖。

版画艺术家阿尔贝特·弗洛孔(Albert Flocon)在1965年10月的 *Jardin des Arts* 杂志上发表了一篇更直言不讳、更有洞见的评论文章。

32. 瓷砖壁画，（第一）自由基督徒学园(Liberal Christian Lyceum)，海牙，1960

他的艺术不能激起多少情感，但常常会带来智力上的惊喜。一旦我们从中发现了某种出人意料的结构，或者发现了与我们的日常经验截然相反，甚至确信有疑问的东西，我们就会获得这种惊喜。在他的作品中，上与下、右与左、近与远这样的基本概念都是相对的，可以随意互换的。这里我们看到了点、面、体之间，因与果之间的全新关系，这种全新关系中的空间结构立即把那些新奇的、但是完全可能的世界召唤出来。

弗洛孔将埃舍尔置于艺术家中的思想者之列——皮埃罗·德拉·弗朗西斯卡(Piero della Francesca)⑦、达·芬奇、丢勒(Dürer)、扬尼泽(Jannitzer)、博斯·德萨尔格(Bosse-Desargues)和佩尔·尼孔(Père Nicon)——对于他们来说，视觉艺术和再现视觉的艺术一定要辅之以对基本原理的研究。"他的作品告诉我们，最完美的超现实主义(surrealism)就存在于现实之中，但愿我们能够克服各种困难，弄懂其中隐含的基本原理。"

1968年，埃舍尔七十诞辰之际，海牙市博物馆举行了一次大型的作品回顾展。参观这个画展的人数不亚于伦勃朗画展。甚至有好几天，由于人多，观众几乎无法接近他的作品。前来参观的人在展墙边排着长队，价格不菲的目录册也被重印。

荷兰外交事务大臣为埃舍尔和他的作品拍摄了一部电影，完成于1970年。受到埃舍尔作品的启发，作曲家安德里森(Juriaan Andriessen)创作了一首现代作品，由鹿特丹爱乐乐团(Rotterdam Philharmonic Orchestra)演奏，同时配有埃舍尔作品的投影。直到1970年底，这三种演出还场场爆满，观众以年轻人居多。人们的热情如此高涨，以至于作品中的长段一再返场。

现在，埃舍尔作为版画艺术家已经名满天下，广受赞誉，任何同行都不能望其项背。

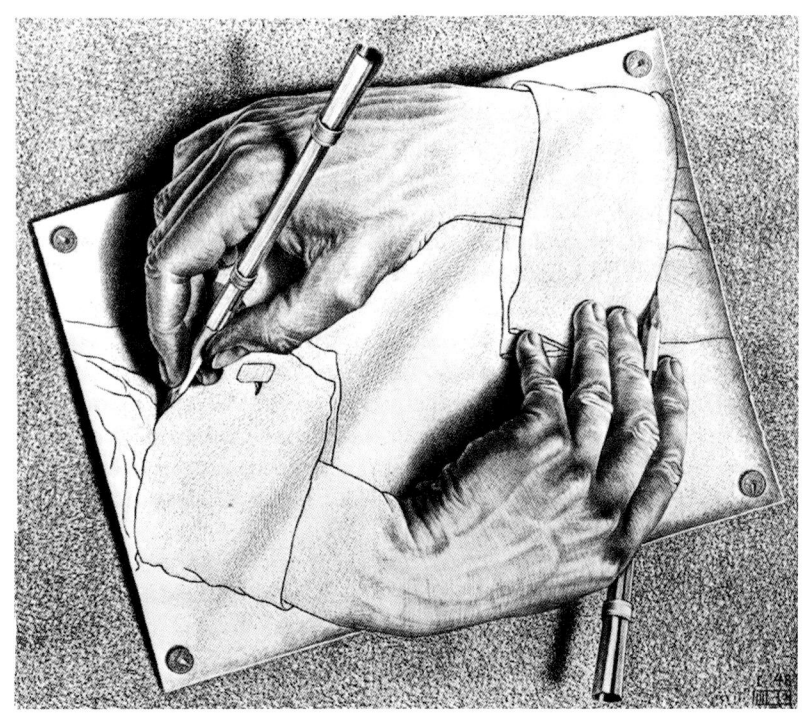

33.《画手》,石版画,1948

6 绘画乃是骗术

如果一只手在画另一只手,同时,被画的那只手又忙着画第一只手,而所有这一切又都画在一张被图钉固定在画板上的纸面上……又如果这一切都是画出来的,我们就可以把它称为超级骗术。

的确,绘画是骗术,我们相信自己看到的是一个三维世界,然而画纸仅仅是二维的。埃舍尔认为这是一种矛盾,他有大量作品都直接地表现了这种矛盾的情形,石版画《画手》(1948)就是一例。在这一章里,我们不仅要分析这几幅特定的版画,还要分析另外一些将这种矛盾作为次要特征表现的作品。

反叛的龙

木口木刻《龙》创作于1952年。乍一看,这不过是一只装饰性很强的小翼龙,正站在一堆石英晶体上。但是这只别出心裁的龙却让它的头直接穿过自己的一只翅膀,让它的尾巴穿过自己身体的后半部分。只要看明白这里正在发生的一幕,然后,借助于一种特别的数学手段,我们就有可能对这幅作品有一个整体的理解。

对于图35中的龙我们可能不会有什么别的想法;但是我们需要保持这样一种意识,在这幅图中,龙是平面的。实际上,所有的图片都不例外。它是二维的!对于三维图像从二维的画纸、照片以及银幕上呈现出来的情景,我们早就习以为常,视为当然。所以实际上,我们所看到的龙是三维的。我们相信自己能够知道它哪里胖,哪里瘦,甚至可以估测它的重量!排列有序的9条直线会让我们立即意识到这是一个空间物

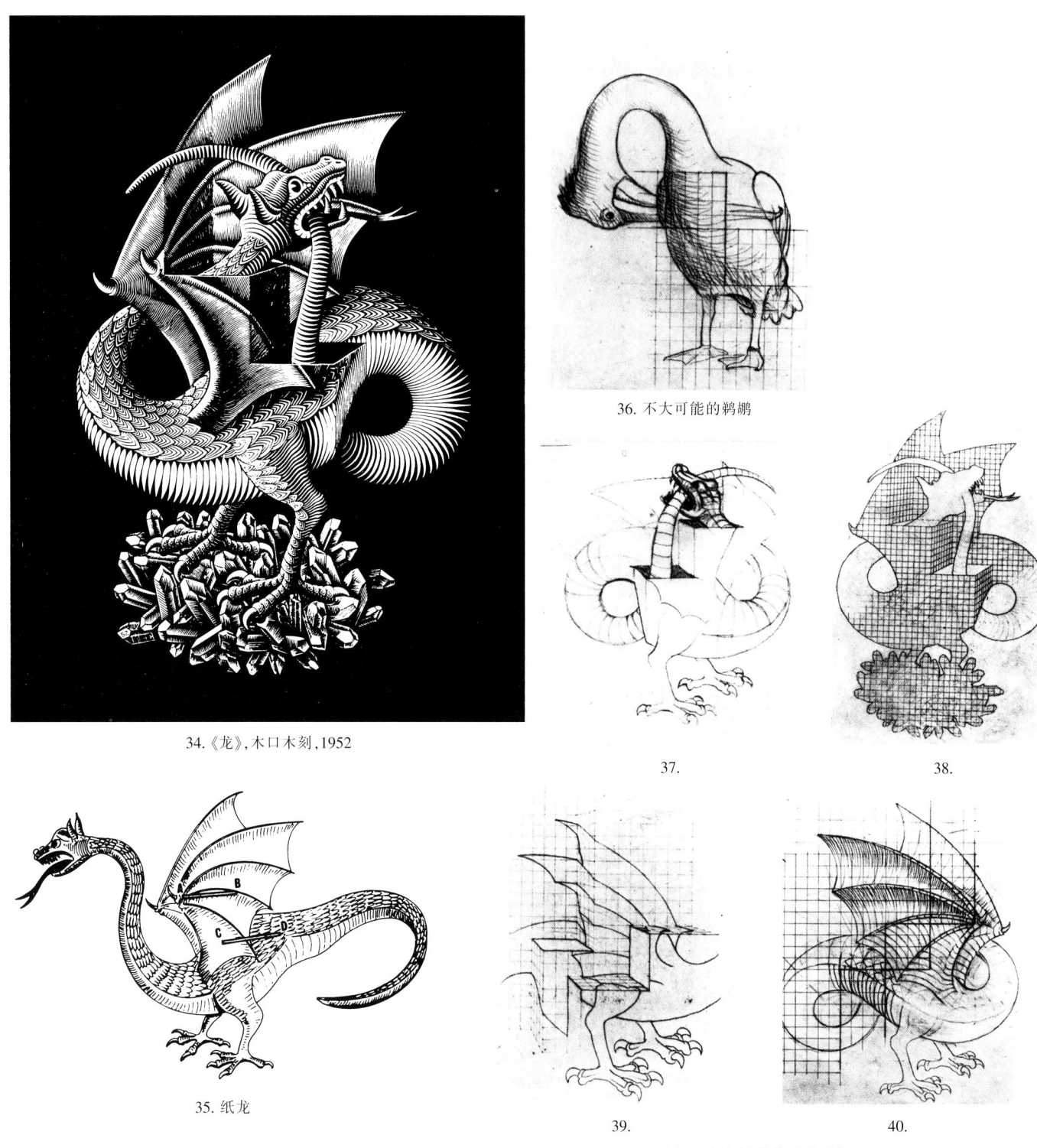

34.《龙》,木口木刻,1952

35. 纸龙

36. 不大可能的鹈鹕

37.　　　　38.

39.　　　　40.

木口木刻《龙》的前期研究图

体——一个立方块。然而这纯粹是自欺欺人。这就是埃舍尔这条《龙》所要表达的意思。"我先画了一条龙[如图35],然后在纸上开出两个切口 *AB* 和 *CD*,将纸面弯折出两个正方形的空隙,通过这些切口把画着头尾的两处拉出来。显然,现在大家都很清楚,它完全是平面的。但是这条龙似乎对这种安排不大满意,因为它开始咬自己的尾巴了,就像是在三维中才能做到的那样。它和它的尾巴正在嘲笑我的全部努力。"

这是一个技艺精湛、无可挑剔的范例。在观赏这幅画时，我们几乎意识不到，在它所表现的三维和表现它只能采用的二维之间存在着多么巨大的矛盾，而要把这个矛盾如此清晰地表现出来又是多么的艰难！幸运的是，这幅作品有几张前期草案保存了下来。图36表现的是一只鹈鹕将它的长喙插进胸腔里。这个别致的题材被否定了，因为没有充分的可能性。

在图37中，我们看到了这条龙的速写，成稿中的所有要素都具备了。但现在的难题是如何将切口与折叠之处做成恰当的透视角度，使观众可以明白无误地看出空隙所在。在此，埃舍尔想表达这样一种想法：只有把两个切口和折叠画得非常真实——也就是说，看起来是三维的，这条龙才能完完全全是平面的。因而，这种骗术是通过另一种骗术来展示的！图38中的菱形网纹可以帮助我们更好地理解这种透视。图39中，龙确确实实是平面的，经过剪切，然后折叠。最后，图40指出了一种可能的变化方式；在这种情况下，折叠不是平行的，而是折成直角。但这个想法并没有得到进一步的实施。

平面依旧

木口木刻《三个球 I》(1945)的上半部分是由几个椭球构成的，如果你愿意，也可以说是很多小四边形呈椭圆状排列而成的。我们发现，要摆脱自己正在看一个球体的念头，实际上是不可能的。但埃舍尔就是要将这样一种观念注入我们的大脑：一个球都没有，全都是平的。然后，他把最上面的部分向后折了一下，把折过后的图形又画在了那个所谓的球体下面。但我们发现自己仍然相信它是三维的：现在我们看到的是有盖的半球！好吧，埃舍尔将上面的图形又画了一次，这次是平躺着的。但即使如此我们还是不信，因为这次我们看到的是一个卵圆，一只压扁的气球，偏偏不是画着曲线的平面。图42可以说明埃舍尔都做了什么。

木口木刻《多利安柱》也创作于这一年，有着与之完全相同的效果。无论怎么说，我们都不能相信这幅作品是平面的，这真是太糟糕了；更糟糕的是，埃舍尔用来治病的方法与他所要治疗的疾病被感染的方法

41.《三个球 I》，木口木刻，1945

42. 三个球的照片——不是球，而是扁平的圆

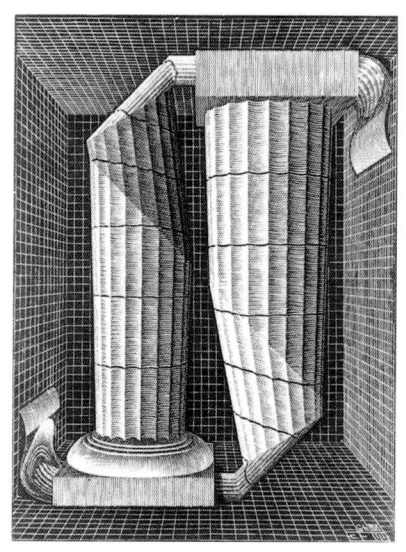

43.《多利安柱》，木口木刻，1945

正好相同。为了使中间部分的图形看上去处于一个平的画面上,他利用了这样一个事实:这样的一个平面能够使人产生三维的感觉。

不论从结构的角度,还是仅仅作为一件木口木刻,这件作品都精巧得不可思议。如果早些年,一定可以用来测试木雕匠人是否具备做师傅的资格。

从二维中生长出来的三维

因为绘画就是骗术——即,暗示代替了现实——我们便可以得寸进尺,用一个二维的世界创造出一个三维的世界。

在石版画《蜥蜴》(1943)中,我们看到了表现埃舍尔周期性图案思想的速写本。在左下侧的边缘,一些小小的、扁平的速写图形开始生出奇妙的第三维,进而从速写本中爬了出来。这只蜥蜴爬过一部动物学著作,爬过一块三角板,最后爬到一个十二面体的顶上;它打了个胜利的响鼻,鼻孔里还喷了些烟。但是游戏结束了,所以它从铜钵又跳回到速写本上。它回缩成一个图形,被正三角形网格牢牢锁定。

在图45中,我们看到了这一页速写。这种平面分割存在着三种不同的旋转对称轴,有趣的是,这些轴正好穿过了这几个点:三头相交点,三脚相遇点,以及三"膝"相接点。如果我们用透明的描图纸将画案描摹下来,将描图纸和速写叠在一起,用图钉从上述任何一点穿过去,将描图纸旋转120度,便可以发现,描图纸上的图形与速写上的图形正相吻合。

44.《蜥蜴》,石版画,1943

45. 为《蜥蜴》作的速写,钢笔、墨水和水彩,1939

46. 为《相遇》作的速写，铅笔，1944

47.《相遇》，石版画，1944

白遇黑

在石版画《相遇》（*Encounter*, 1944）中，我们可以看见墙上画着的由黑白相间的人形构成的周期性图形分割。与墙壁成直角放置的是一面有着巨大圆洞的平板。这些小人儿似乎能够感觉到与平板的距离，因为他们一接近平板就从墙上走了下来，从而开拓了一个新的维度。然后他们就像木偶一样沿着裂缝的边缘曳步而行，越走越真。在黑人形与白人形相遇的时候，这种朝向真人的转变达到了极点，他们竟然都可以握手了！这幅作品第一次印刷时，有位艺术商犹豫再三，不敢拿出来卖，因为那个小白人看上去很像科莱恩（Colijn）[①]，一位很受欢迎的荷兰首相！但埃舍尔丝毫没有这个意图。可以这么说，这些人形是从平面的周期

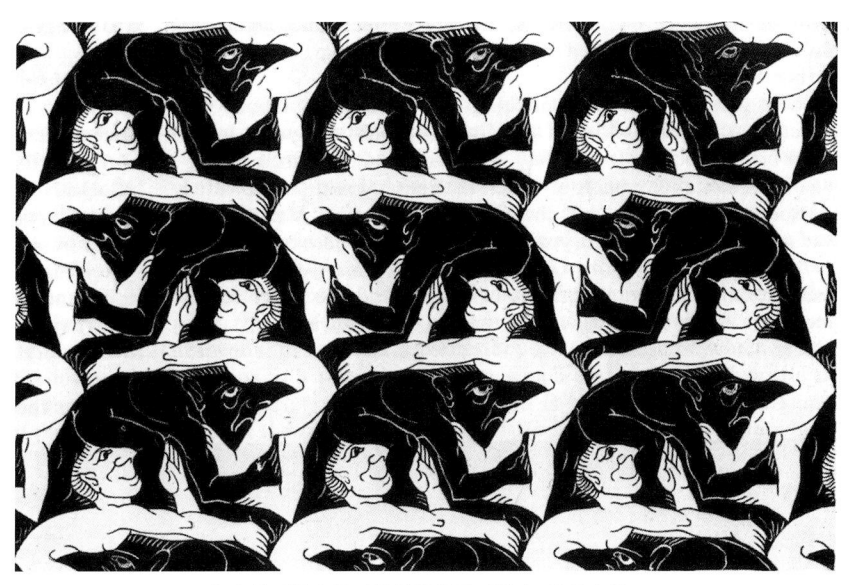

48. 作为《相遇》之基础的周期性平面填充，铅笔和墨，1944

性分割中自然而然地演变出来的。这个周期性图形有两个不同的垂直向上的滑移反射（glide reflection）轴。用描图纸可以很方便地找到它们。对此，我们下一章还要讨论。

马耳他之行

埃舍尔乘货船游历地中海时，曾两次造访马耳他。但不过是匆匆一瞥，一整天都不到，只够货船上货卸货的时间。但是，一张森格莱阿(Senglea，马耳他的一个小海港)的速写却留了下来，日期是1935年3月27日。同年10月，埃舍尔又根据它制成了一件三色木刻。我把这幅作品复制在这

49.《马耳他》(速写)

50.《森格莱阿》，木刻，1935

里,一方面是因为它不很出名,另一方面是因为埃舍尔后来将这幅作品中的一些重要元素用到了另外两幅作品之中。

一年之后(1936年6月18日),埃舍尔逃离瑞士,到地中海旅行,这次旅行将对他的作品产生极为深远的影响。船又一次停靠在马耳他,埃舍尔对这个小海港的同一个地方又作了一幅速写。

画面中这种幕布一般的建筑群的结构肯定有其迷人之处,因为10年之后,当埃舍尔想要找一个生动均衡、富有韵律的建筑群,将其中间部分放大,制成一幅版画(《阳台》)时,他就选择了这张1935年的马耳他之作。又过了一个10年,他又将这张速写用在那幅独一无二的《画廊》(1956)里。这一次,我们不仅能够看到各种各样的建筑群与布满岩石的海岸线(就如《阳台》),还看到了货船。

放大

在《阳台》中,画面的中间部分与其周边相比放大了4倍。我们现在就来看一下埃舍尔是怎样达到这种效果的。放大的结果是这种壮观的鼓凸。仿佛这幅画是画在一片橡胶上,再从后面把它吹起来。原先毫不起眼的细节现在成了视觉的焦点。如果我们将最终作品与为它所作的工作速写对比一下,就会发现,在速写中,由于同样的场景没有经过任何处理,这个特定的阳台很不容易被发现,实际上它是下数第五个阳台。在工作速写中,下面的4个阳台距离相等;而在最终作品中,离鼓凸部分近的阳台间距被挤压了很多。中间部分的膨胀必须有其他地方的被挤压才能补偿,因为这个画面中所包含的内容在工作速写和最终作品中都是相同的。

在图52中,我们看到一个大正方形被分割成许多小正方形。虚线的圆周标示着上面提到的变形部分的边界。垂直线PQ与RS以及水平线KL与MN在图53中变成了曲线。在图54中,中间部分被放大了。A、B、C、D四点被移近边缘,变成了A'、B'、C'、D'。当然,用这种方法来重新构造整幅作品也是可能的。所以我们看到圆心周围的部分发生了膨胀,而边缘部分则被压缩;也就是说,水平线与垂直线都向外、向圆圈的边缘

51.《阳台》,石版画,1945

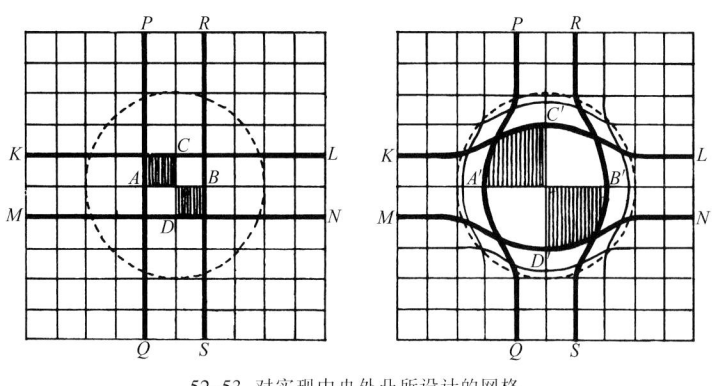

52~53. 对实现中央外凸所设计的网格

54. 外凸的中央部分

挤压。图51和55表现了变形的图画和未变形的画面。《阳台》中心巨大的鼓凸就是这样形成的。

放大256倍

《画廊》则产生于这样一个想法：把膨胀效果做成环形一定也是可以的。首先，让我们从一个不疑有诈的观众的角度来观察这幅作品。在画面的右下角，我们看到了画廊的入口，一场画展正在进行。向左，我们遇到了一位年轻人，正站在那儿看着墙上的一幅画。在墙上的这幅画中，他可以看见一艘船，再往上，也就是整个画面的左上角，是码头沿岸的一些房子。现在我们向右移，这排房子继续延伸，延伸到画面最右侧，然后，随着我们的视线下移，就会发现角落里有一座房子，房子的底部有一个画廊的入口，画廊里正在举办一场画展……所以，我们这位年轻人其实正站在他所观看的那幅作品之中！埃舍尔一手制造了整个骗局，为此，他搭建了一个可以为作品当脚手架的网格结构，把要放大的部分用一个封闭的环形标出来。这

55. 中央外凸之前的草图

是个无头无尾的结构，要想理解这种结构，最好再研究几个示意图。

图57在大正方形的右下角画着一个小正方形，沿着底线左移，我们会发现这个小正方形逐渐变大，到达左下角时已增长了4倍。图形的尺度也放大到原来的4倍。沿左边线向上，我们又看到了4倍的增长，这样就把原长增加了16倍。沿上边线向右，与最初的小正方形相比，边长扩大了64倍；再沿着右边线向下，当我们返回出发点时就放大了256倍。原来只有1厘米长的一条边，现在已经变成了2.56米！当然，要想在整幅作品中完全实现这个过程是不太可能的。在作品的实际画面中，只进行了前两个步骤(实际上，只有一个步骤是完整的，因为在第二个放大步骤中，只对一小部分已经被第一步骤放大的图形进行了这个操作)。

起初埃舍尔想用直线来实现他的想法,但后来他本能地采用了图58所示的曲线。这样原先的小方块可以更好地保留它们的形状。有了网格的帮助,这件作品的大部分就可以画出来了,然而,有一个空白的方块留在了中间。我们可以为这个小方块配备一个与其初始状态相似的网格,把这个步骤重复几次,就形成了图59的网格图形。$ABCD$是原先的正方形,而$A'B'C'D'$是向外膨胀后的正方形,[2]这是一个必然的结果,也是一个符合逻辑的结果。这个奇妙的网格令好几位数学家震惊不已,他们把它作为黎曼曲面(Riemann surface)[3]的一个范例。

在我们的图58中,只显示了整个放大过程中的两个步骤。实际上埃舍尔在作品中所进行的也就是这两

56.《画廊》,石版画,1956

个步骤。我们可以看到画廊从右向左逐渐变大。但是,接下来的两个步骤在这个正方形中无法实现,因为需要不断增大的空间来表示这个放大的整体。埃舍尔的绝妙之处在于,他用画廊中的一幅作品来吸引人们的注意力,以此代替后两个步骤,因为这幅作品自身可以在这个正方形中放大。他的另一个创造便是在这幅作品中画了一个画廊,而这个画廊正是他作为起点的那个画廊。

现在我们看看埃舍尔是怎样做到这一点的,一开始他似乎是作一幅普通的画,但是他将这幅画移到了预设的网格里。恐怕我们只能集中精力观察这个复杂过程的一小部分。图60显示了一个局部详图,就是画

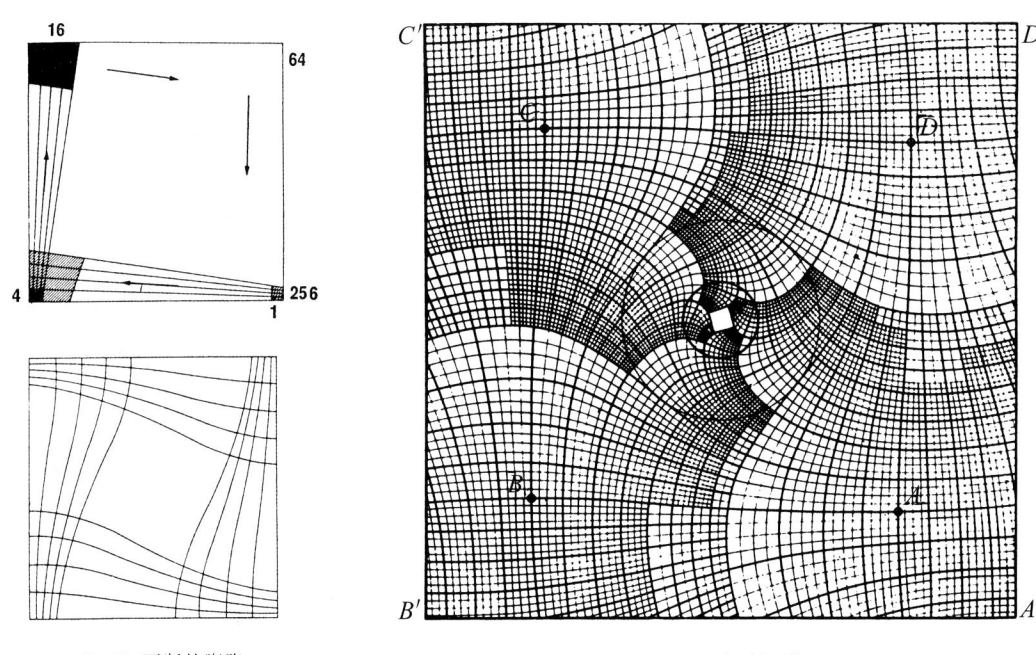

57~58. 不断的膨胀

59.《画廊》的网格

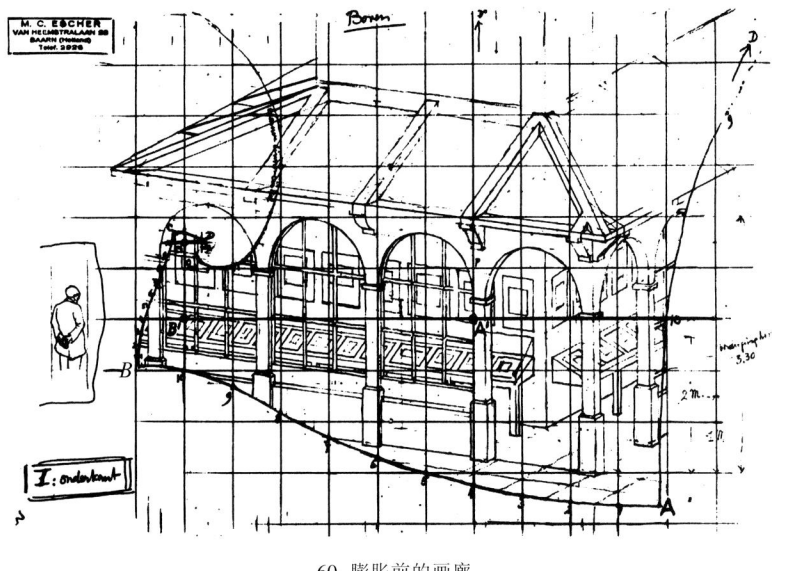

60. 膨胀前的画廊

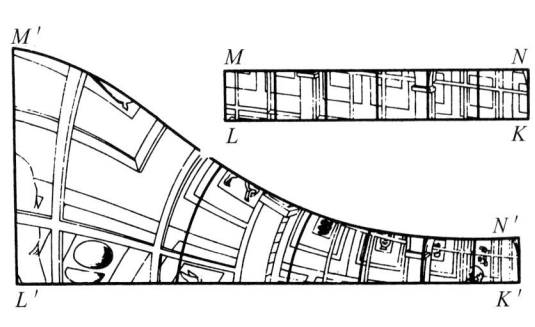

61a,61b. 环形膨胀如何获得

廊那部分。画面上有一个正方形网格。其中我们看到了点 A、B 以及在图 59 中的点 A'。在那里，我们还发现了同一个网格，不过形状有所改变——越向左，图形越小。现在每个小方块里的图像都移进了网格中对应的小方块里，画面的放大自然完成。例如，图 61a 中的长方形 $KLMN$，在图61b中变成了 $K'L'M'N'$。

我是眼看着《画廊》从开始制作到最终完成的。有一次拜访埃舍尔时，我说，靠近左边的栏杆太丑了。我建议他在上面画一些攀缘的铁线莲。埃舍尔在一封信中谈到了这个问题：

> 不可否认，用铁线莲来遮挡《画廊》中的栏杆是个很不错的主意。但是，这些栏杆是用来做窗格的。为了琢磨如何表现这个题材，我已经绞尽脑汁，江郎才尽了，我已经无法满足哪怕再高一点儿的审美要求了。说实话，这些版画没有一幅的初衷是为了创作什么"美的东西"，但它们已经让我特别头痛了。事实上，正是因为这个原因我才与我的艺术家同行格格不入；他们努力的目标，唯一的也是最重要的便是"美"——虽然，它的定义自17世纪以来已经发生了非常大的变化！但是我想，我要追求的东西首先是惊奇，所以我只是尽力唤醒我的观众头脑中的惊奇。

埃舍尔非常喜欢这幅作品，他经常提到它。

> 两位博学的先生，范丹齐格（van Dantzig）教授与范韦恩加登（van Wijngaarden）教授④曾想说服我，我所画的是黎曼曲面，但他们没有成功。我不知道他们是不是正确的，虽然事实上，这种曲面有一个特点似乎就是中空的。可不管怎样，我对什么黎曼一窍不通，对理论数学也一无所知，更不用说非欧几何（non-Euclidian Geometry）了。
>
> 在我看来，这只不过是一种循环式的膨胀或者鼓凸，没有开端也没有结束。我故意选择了连续性的物体，例如沿墙挂着的一排画，或者是小镇上的一排房子。那是因为，如果不采用这些周期性出现的物体，那些偶然遇上的观众就更加难以理解我的意图了。但即便如此，他们也只能抓住一星半点。

越变越大的鱼

1959年，埃舍尔用同样的想法以及差不多相同的网格系统制作了一幅更抽象的木刻作品——《鱼和鳞》（*Fish and Scales*）。在画面左侧我们看到一条大鱼的头；

62.《鱼和鳞》，木刻，1959

这条鱼身上的鳞慢慢地发生变化，往下，变成了一条条小黑鱼和小白鱼，每下愈大。最终它们变成了两群鱼，游弋在彼此之间。如果我们从右侧的大黑鱼看起，几乎可以看到一模一样的现象。图63显示了版画下半部的设计方案，但如果将图64以画面中心(小黑块)为轴旋转180度，我们可以看到画面的上半部分——只不过实际上在上半部分，鱼的眼睛和嘴巴颠倒了一下，这样就不会有哪一条鱼肚皮朝上了。小箭头表示了黑鱼与白鱼游动的方向。

接着我们看到鱼鳞A，膨胀成小鱼B，然后又游到C，长成版画上半部的大黑鱼。如果我们沿着鱼的游动方向在其上下两边画线，然后仔细地将这个线条体系扩展到左右两侧，这个作品所用的网格就有了个大致的轮廓。由此，我们可以更好地理解画面的内容。我们可以从P开始，P是右边向上移动的大黑鱼身上的鳞。这片鳞慢慢变大，变成了Q处的小鱼。再向左移，这条小鱼继续变大，最终变成了左边的大黑鱼。现在，如果我们希望从R点向下游，这条鱼应该继之以更大的鱼，但是由于画面的限制，这是不可能的。所以，正像在《画廊》中那样，只要可用的空间变得太小，就从画廊切换到一幅画上，现在埃舍尔从大鱼身上选了一片鱼鳞，就可以把从R到S的放大过程继续下去。大鱼在此正得其所，在它还没完全长大之前，它就爆散成很多新的小鱼。这样，放大的过程就可以不间断地从S继续下去。小鱼S逐渐变成右侧的大鱼，我们又可以在它身上选一片鱼鳞——如此循环往复。

很显然，《鱼和鳞》的网格正是《画廊》网格的镜像。

现在，《鱼和鳞》表现了埃舍尔最为喜爱的两大主题——周期性图案与变形(从鳞到鱼)。

绘画乃是骗术。一方面，埃舍尔在各种作品中展示这种骗术；另一方面，他完善了它，把它变成一种超级幻象(superillusion)，使之呈现出不可能的事物，由于这种幻象是如此地顺理成章、不容置疑、清晰明了，这种不可能便造就了完美。

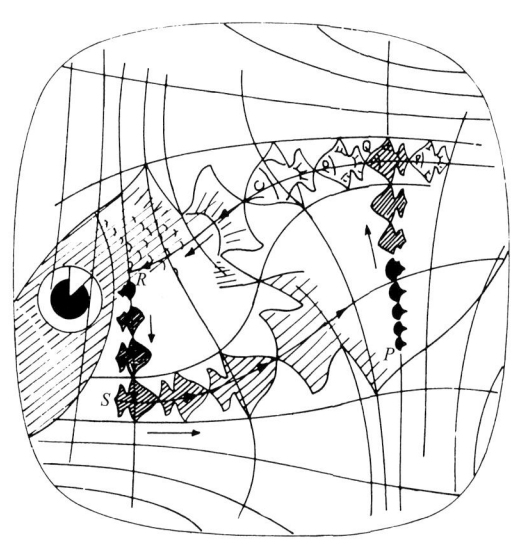

63. 从鳞到鱼

64.《鱼和鳞》的网格

7 阿尔汗布拉宫的艺术

固执的平面

没有任何主题能比周期性图形分割（periodic drawing division）更合埃舍尔的心意。对于这一主题，他曾有过相当广泛的论述，阐述了很多技术细节。除此之外，埃舍尔只对另外一个主题写过文章，那个主题是探寻无穷——虽然他没有用同样的篇幅。他针对后一主题所说的一段话也许更适用于周期性图形。让我们看一下他的夫子自道：

> 我可以大言不惭地说，我能够享受到这种完美，并见证它的存在。因为它并不是我的发明，甚至也不是我的发现。数学法则完全不是人类的发明或创造。它们就"在那儿"；它们完全独立于人类的智慧而存在。一个人无论有多么聪敏的才智，他所能做的，最多也只是把它们从那儿找出来，并予以确认。

65. 平面周期性分割的第一次尝试（局部），所用图形为想象的动物，铅笔和水彩，1926 或 1927

他还写道[这次是就规则镶嵌(regular tessellation)①而写的]:"这是我挖掘出来的最丰富的灵感之泉,它至今也没有枯竭。"

我们可以看到,埃舍尔对于镶嵌图案的发现与运用有着多么强烈的宿命,甚至我们从附图所提供的他的最早期作品中都能看到苗头。那时他还在哈勒姆就读于德梅斯基塔门下。这个时期最为细腻、最为成熟的作品无疑是木刻《八个头》(*Eight Heads*, 1922)。8个不同的头刻在同一块木版上,4个朝上,4个朝下。在图66中,我们看到这块版被印了4遍。这32个头有一种戏剧性的味道,虚而不真,幻而不实,fin de siècle②。

无论是用可识别图形(recognizable figures)覆盖整个平面,还是用同一块版多次印刷使基本图案因其重复而产生一种韵律感(在这里,8个头构成了一个基本图案),都不是由于德梅斯基塔的影响和启发。

直到1926年,这些努力似乎还只是青年时期的尝试,而不能看成是注定要在日后大放异彩的饱含希望的花蕾。1926年,在一次短暂的旅行中,埃舍尔对阿尔汗布拉宫有了一定的了解,他下了很大功夫去表现这种平面上的韵律,但是他失败了。他所能制造的都是一些面貌丑陋、形状怪异的小兽。尤其让他恼火的是,这些四脚小兽总有一半固执地在他的画纸上头上脚下地逆行(图65)。

在这些认真的尝试付诸东流之后,如果埃舍尔就此罢手,认为这个领域不会再有什么收获,也是毫不奇怪的。整整10年,他都没有再接触空间填充(space-filling)这个主题——直到1936年,在妻子的陪伴下,他又去了阿尔汗布拉宫。平面的周期性分割中潜藏的那种丰富的可能性又一次深深地打动了他。那段时间,他和妻子整日临摹摩尔人的镶嵌图案,带回家中精心钻研。为此,他努力阅读装饰方面的书籍,也阅读相关

66.《八个头》,木刻,1922

同一幅版画,转180度

67. 阿尔汗布拉宫临摹,铅笔和彩色蜡笔,1938,见彩图4

的数学文献——虽然看不懂内容，但他却能从插图中有所收益。然后，他不停地画，不住地刻。现在，他已经清清楚楚地知道，他所要追求的究竟是什么。他建立了一套完备实用的系统，于1937年完成大纲，1941年到1942年开始写作。而在那时，他还忙于把他在变形和循环主题上的发现融会贯通。埃舍尔怎样与这种固执的东西进行斗争，又是怎样成功地征服了它们，实在是一言难尽。按照他后来的说法，他的鱼、蜥蜴、人、房子以及其他的一切，并不是他绞尽脑汁构想出来的，而是周期性空间填充的规律为他做出来的——那是我们用这一本书的全部篇幅也写不完的。我们只能满足于简单的介绍，希望这个介绍能帮助读者对埃舍尔作品的这个重要方面（在埃舍尔看来是最重要的方面）有更深的领悟。

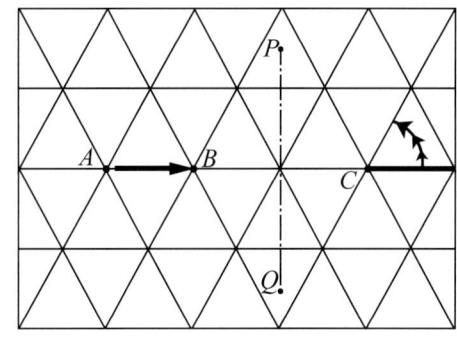

68. 平面上的可能位移

平面镶嵌的规则

在图68中，我们看到一个简单的图案：整个平面都被等边三角形填满。现在我们看看这个图案是怎样"复制"自己，也就是说，与它自身相重合的。为此，我们先把它复制在一张透明纸上，然后把透明纸放在原来的图形上，使得所有的三角形都能彼此重合。

我们把复制品沿着AB线移动，它就会再次覆盖下面的图案。这种运动可称之为平移(translation)。这时，我们可以说这个图案能够通过平移进行自我复制。

我们还可以在C点将复制品旋转60度，就会发现它再次准确地覆盖了原先的图案。这时，我们可以说这种图案能够通过旋转(rotation)进行自我复制。

我们分别在原图和复制品上画上虚线PQ，然后将复制品拿开，翻转过来，把它再放在原样上，让两条虚线重合，就会发现复制品又一次与原图吻合。我们把这种在镜轴PQ上的操作称为反射(reflection)。现在，复制品是原样的镜像，但同时又与之相吻合。

平移、旋转、反射以及后面要说的滑移反

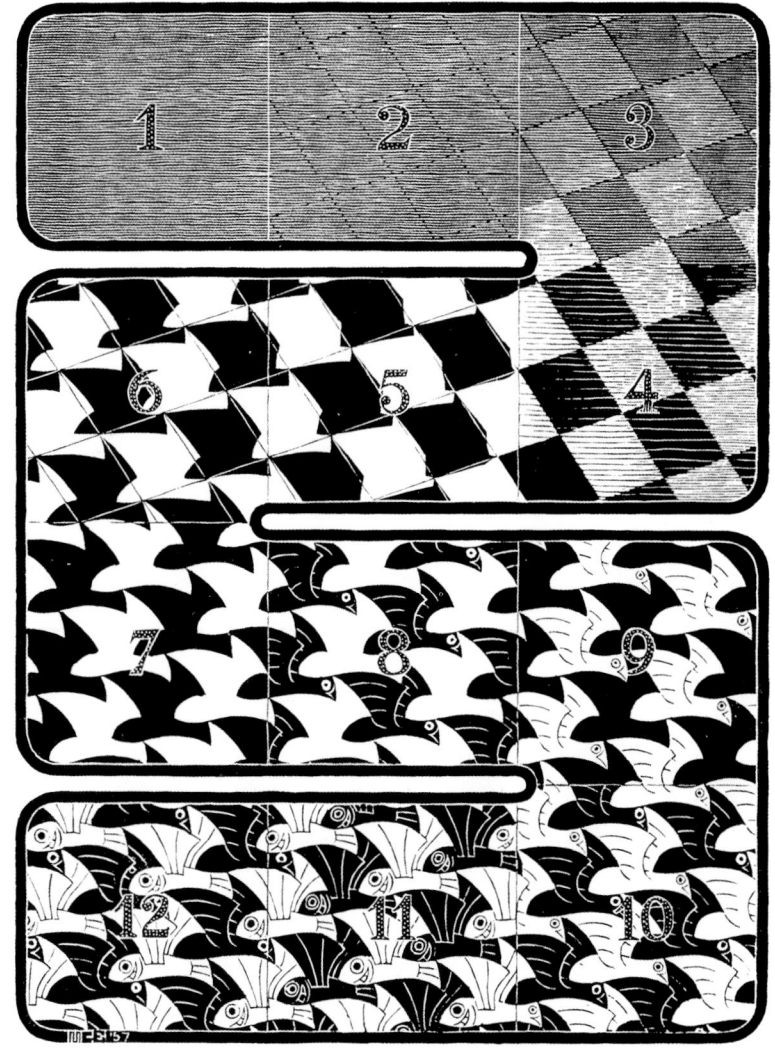

69. 在这幅画中，埃舍尔展示了变形的产生

射,这些操作都有可能使一个图案进行自我复制。有些图案只能进行平移,有些既可以进行平移也可以进行反射,不一而足。

如果我们按照图案自我复制的操作种类进行划分的话,可以发现共有17类之多。本书限于篇幅无法一一列举,甚至不能加以概括,但我们必须指出这样一个惊人的事实:埃舍尔发现了所有的可能性,而且是在没有借助任何相关数学知识的情况下发现的。麦吉利夫雷(C. H. McGillavray)教授在其著作《论埃舍尔周期性绘画中的对称》(1965年出版,供晶体学专业的学生使用)中,对他的发现表现了极度的惊奇,因为埃舍尔甚至发现了一些新的可能性,使色彩在其中起到了重要的作用,而这一点,在1956年以前的科学文献里从未有过。

埃舍尔的镶嵌图案有一个突出的特色(在这一点上他几乎是独一无二的),就是他一直采用能够代表具体事物的基本图案。就此,他曾写道:

> 摩尔人是平面镶嵌的大师,他们能够用全同的几种图案镶嵌整个平面而不留任何空隙。尤其是在西班牙的阿尔汗布拉宫,他们把几种彩色的马略尔卡(majolica)③纤毫不差地拼在一起,装饰墙壁。不过很遗憾,伊斯兰教禁止造"像"。所以在他们的镶嵌画中,他们只能把自己的想象力限制在一些抽象的几何形状里。据我所知,没有一个摩尔艺术家胆敢(甚至想都不敢想)用具体的、可识别的图形,如鸟、鱼、蜥蜴和人类的形象作为镶嵌图案的基本元素。但是对我来说,这种限制是难以接受的,因为在我自己的图案中,正是基本元素的可识别性,才是我对这个领域爱不释手的原因。

变形的制作

埃舍尔一直把周期性平面分割看做是达到某个目的的工具和手段,所以他从来没有以此为核心主题

《变形 II》局部

制作过任何作品。

在埃舍尔那里,周期性平面分割最直接的用处是连接另外两个紧密相关的主题:变形与循环。在变形中,我们看到了模糊、抽象的形状变成了形象分明的具体的事物,然后又变了回去。因此鸟可以逐渐地变成鱼,蜥蜴也可以变成蜂窝。虽然上文所提到的变形也出现在表现循环的版画中,但其重点更多地在于延续性以及向出发点的回归。版画《变形I》(1937)就是一个例子,在这个典型的变形中没有任何循环出现。《昼与夜》也是关于变形的作品,其中也几乎找不到任何循环的元素。但绝大多数版画不仅展示了变形,也表现了循环。这是因为,埃舍尔更喜欢让那些形象回到自身,而不是让它们悬而不决。

70. 作为《昼与夜》基础图案的周期性空间填充

在其著作《平面镶嵌》(*Plane Tessellations*, 1958)中,埃舍尔以极其娴熟的手法,图文并茂地向我们展示了变形的产生。在这里,我们借用图69对他的论点作一个概况的介绍。

在4中,平面被分割成许多平行四边形,每一个都分得清清楚楚,每一个白色四边形旁边都连着一个黑色四边形。

在5中,黑白交界处的直线性质在缓慢地变化,交界线变弯打折,并且在一个方向向外凸出的地方,其相对的方向就会有面积相同的凹进,以保证面积的平衡。

在6和7中,这个过程还在继续,保持一种渐进的演变,因为其总体性质没有变化,外凸、内凹的位置都没变,变的只是凸凹的程度。7中达成的形状一直保持到最后。一眼看去,原来的平行四边形已经荡然无存,然而每个基本图案的范围仍然准确地处于原来的四边形之中,4个图案的交汇点仍在原处。

在8中,黑色图案加上了一些可以表征鸟的细节,于是,白色图案就成了背景,表示天空。

9. 用相反的方式解释也很容易理解:白色的鸟飞在夜空之中,夜幕降临了。

10. 但为什么白鸟和黑鸟不能同时覆盖整个平面呢?

11. 这个图案可以有两种不同的解释,因为在鸟的尾部画上了一只眼睛与一只尖嘴,把鸟的头部变成了鱼的尾巴,于是,翅膀几乎自动地变成了鱼鳍,鸟就变成了飞鱼。

12. 当然,最后我们可以把两种生灵镶嵌在一起。于是我们有了向右飞的黑鸟和向左飞的白鱼——如

71.《变形 II》,木刻,1939~1940

72.《昼与夜》,木刻,1938

果你愿意,也可以把它们调过来。

埃舍尔制作变形的技巧飞速进步,日益精湛,这从其木刻《变形II》(1939~1940)中可略见一斑。这是埃舍尔创作的最大的版画。有20厘米高,4米长!后来,在1967年,当这幅版画被放大了很多倍,用在一所邮局里做壁画时,他又多画了3米。在这幅版画中,有趣的并不在于诸如蜂窝变成蜜蜂这类变化巨大的部分(因为这些更多是依赖观念的联想);而在于方块经由蜥蜴变成六角形时,埃舍尔在运用素材方面所表现出来的出类拔萃的艺术技巧。另外,《辞》(Verbum,1942)无疑也属于变形这一类,我在这里没有提供样图,在这幅作品中,变形被发挥到了极致。在此后的作品中我们会发现,单纯以训练技巧为目的的作品慢慢减少;变形也逐渐附属于其他概念的表现,如《魔镜》。

最受赞誉的作品

图70说明了平面填充的一个最简单的可能。这幅白鸟与黑鸟图案的自我复制是仅仅通过平移完成的。将白鸟向右或向上移动,就可以得到相同的图案。如果白鸟与黑鸟是完全相同的,那就更容易了。埃舍尔把这种镶嵌方式用到了木刻《昼与夜》(1938)中,这是至今为止埃舍尔最受欢迎的作品。这幅作品无疑将人们带入了一个新的时代,甚至当时的评论家对此也一清二楚。从1938年至1946年,埃舍尔共售出58份这幅作品的拷贝,到了1960年,总数已上升到262份,仅1961年一年就卖了99份!《昼与夜》的知名度远远超出了其他备受欢迎的作品[如《水洼》(Puddle)、《天与水I》、《涟漪》、《彼岸》、《凸与凹》,以及《观景楼》等],于是我们可以得出一个稳妥可靠的结论,是这幅作品而不是其他作品,使埃舍尔成功地唤起了观众的惊奇感。

在画面正上方的中央部分,我们看到了与图70相同的镶嵌图案,但它并不是《昼与夜》的基础——那要到画面底部的中间去找。在那儿,我们可以看到一块白色的、近乎菱形的田地,而我们的视线自然地被吸引向上；田地的形状变了，而且是很快地变了，因为它只用了两个步骤就变成了白色的鸟。沉重而现实的土地突然腾上了天空，现在，它已经完全获得了飞行的能力，它向右飞，以一只鸟的姿态高高地飞翔在河畔小村庄的上空，被包裹在漆黑的夜色之中。

我们也可以从下面沿着中心线两侧的黑土地中随意选一块。它同样升上了高空，变成了黑色的鸟，向左，飞到了荷兰晴朗的田野之上，而这片田野又以一种令人称奇的方式变成了右边夜景的镜像！

从左到右，是从白天到黑夜的逐步过渡；从下往上，我们缓慢而又坚定地被升上天空……而这一切都是通过这位艺术家的视觉达成的，在我看来，这就足以说明，为什么这幅作品会吸引如此众多的人们。

石头人

在作品《循环》(1938)中，我们看到一个古怪的小人从门口出现了，快乐无忧。他从楼梯上跑下来，根本不知道他很快就会在下面消失，融化在匪夷所思的几何图形中。在画面的底部，我们碰到了与图74相同的图案。这里就是这个小人的发源地。

然而，这种从人形到几何图案的变形并不是变形的结束，因为在左上方，几何图案又变成了更加简单、更加确定的形状，直到它们变成了菱形；然后这些菱形又构成了一大块用作建筑材料的石头，或者说，成了墙内小院子里瓷砖地面的图案。

随即，在大房子里的某个神秘小屋中，这些无生命的形状似乎在经历着进一步的变化，重新变成小人，因为我们看到了那个快乐的年轻人又从门口跳了下来。

73.《循环》，石版画，1938

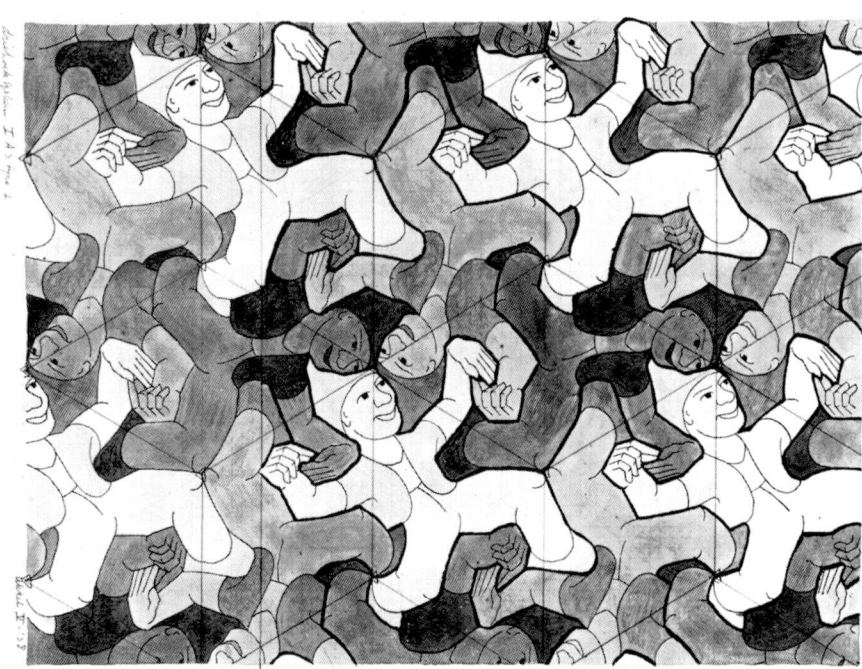

74. 以人形图案进行的平面的周期性空间填充的研究，墨、铅笔和水彩，1938

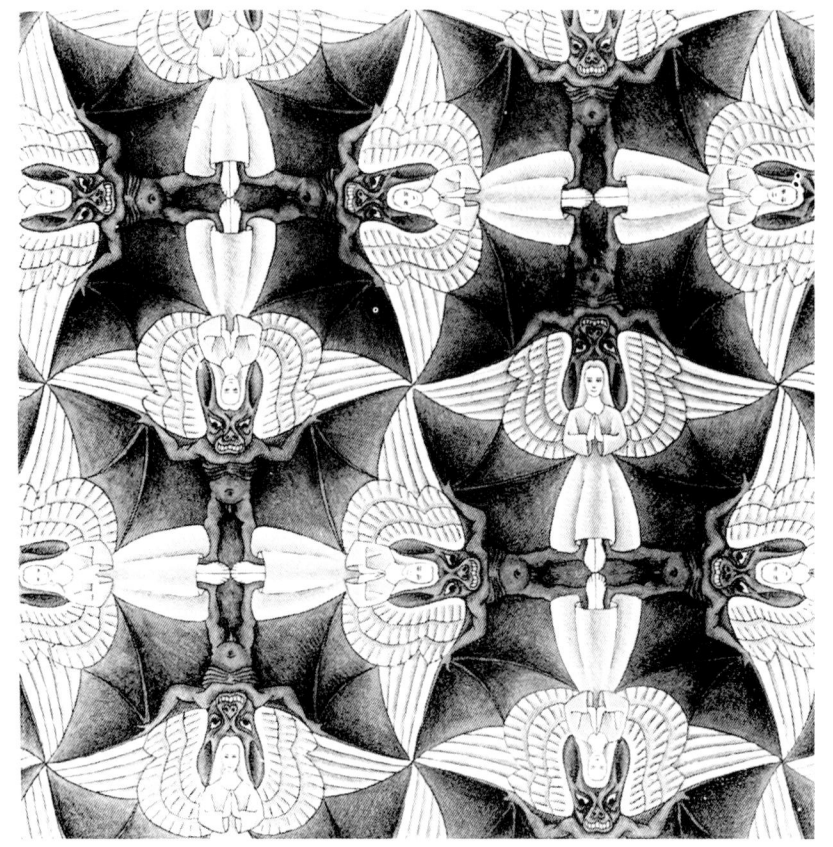

75.《天使与魔鬼》中的周期性空间填充，铅笔、墨、蜡笔和水粉，1941

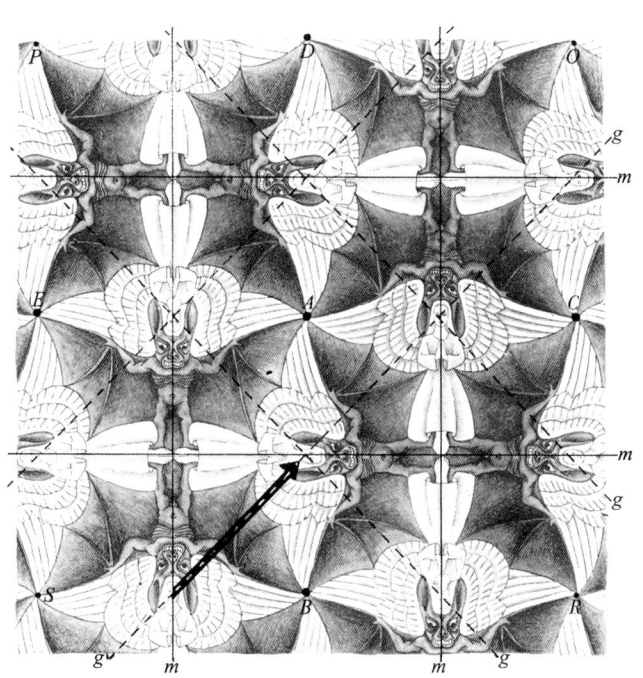

76.《天使与魔鬼》平面图案中的旋转点、镜射轴和滑移反射轴

这里所用的周期图案有三个对称轴，也是三种不同的类型：分别在三头相汇处、三足相遇处和三膝相碰处。围绕其中任何一点都可以将整个图案旋转120度，进行自我复制。当然，这些小人会随着旋转而改变颜色。

天使与魔鬼

这种类型的空间填充也是版画《蜥蜴》（图44）和《天使与魔鬼》（*Angels and Devils*）的基础。

在图75中，我们看到了四重对称的周期性空间分割。在翅尖相触的每一点，我们都可以把整个图案旋转90度，使它自相吻合。但这些点并不是完全相同的。同样是翅尖相接点，图76中央的A点与B、C、D、E各点是不同的。但是，点P、Q、R、S与点A的周边环境是完全相同的。

现在我们通过天使与魔鬼的身体轴心画水平线与垂直线（在草稿中，这些线用字母m来表示）。这些线都是镜射轴。最后，还有滑移反射轴，与镜射轴成45度角。就是我们通过天使的头部画出的，在图76中标着字母g的那些线。为了对滑移反射有一个深入的理解，最好的办法是进行一次滑移反射操作。为此，我们把天使的轮廓描在透明纸上，也描上反射轴g。现在旋转描图纸，让描图纸上的g'与原图上的g吻合。同时细心地让最左边天使的头与原图的头相吻合，这就实现了一个反射。

可以看出，单靠这种反射，描图纸上的图案并不能覆盖原图上的图案。但是，如果你把描图纸沿着反射轴由对角线向上移动，你就会看到，一旦你把描图纸上的天使的头部放在原图旁边的一个天使的头上，两个图案就吻合了——这一定出乎你的意料。

我把图75从其他作品中挑选出来，不是因为它所具有的出色的美学价值——的确,这些天使很可能是从20世纪30年代的某些宗教题材的版画中直接跑出来的。但令人震惊的是,这些细腻的图形能够填满整个平面而不留一丝空隙,图形的朝向如此之多,而且还能以如此多的方法进行自我复制。

埃舍尔再也没有用过上面这个版本的天使与魔鬼,但是到了后期,1960年,他又用这些形象制作了一幅圆形版画(图77)。关于圆极限这类版画,我们在第十五章中还要讨论。显然,画面上不仅有四重轴心,还有三重轴心。我们可以从3个天使双脚相交的地方看到这一点。

后来,同样的天使—魔鬼图案又用在了一个球面上。埃舍尔的美国朋友科尼利厄斯·范·S·罗斯福(Cornelius Van S. Roosevelt)是埃舍尔作品的最大收藏家之一,他根据埃舍尔提供的指导和技法,委托日本的一位老根付(netsuke)④艺人雕了两个象牙球复制品。小球的整个表面被12个天使与12个魔鬼所覆盖。值得注意的是,这些小天使与魔鬼的面部表情在这位日本老艺人手里有了一种特有的东方神态,别有趣味。

这样,埃舍尔制作了三类平面填充的变种:

1. 在没有边缘限制的平面上,存在一个双轴与四轴的互换。
2. 在(有限的)圆的极限中,我们可以看到三轴与四轴。
3. 而在采用了同样图案的球面上,只有双轴与三轴。

游戏

在讨论周期性空间填充时,我不能不描述一个游戏,埃舍尔在1942年曾对此非常着迷。但他只不过把它当成一个私人的娱乐而没有给予任何重视。他也从来没有在更严肃的作品中表现过它,利用过它。

埃舍尔刻了一个骰子,如图79a所示。在每个面的每个边,都可能有3种相对应的连线。如果你把它多印几次,让印上的图案彼此相连,短杠就会连接成线,贯穿整个图案。

因为每印可以盖在4个不同的位置上,又因为埃舍尔把它们的镜像也加了进来(又可以印在4个不同的位置上),所以,可以用它来创造数不胜数的有趣图案。在图79b中,你可以看到其中的几个例子;在图80与81中,还可以看到埃舍尔对其中的两个进行了着色。

77.《圆极限 IV》,木刻,1960

78.《天使与魔鬼球》,染色枫木,1942
(直径 23.5 厘米),见彩图 5

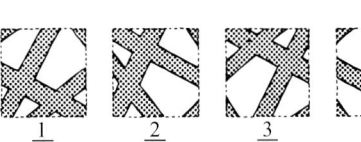

79a. 平面图形的印模

79b. 印模及其镜像的可能位置

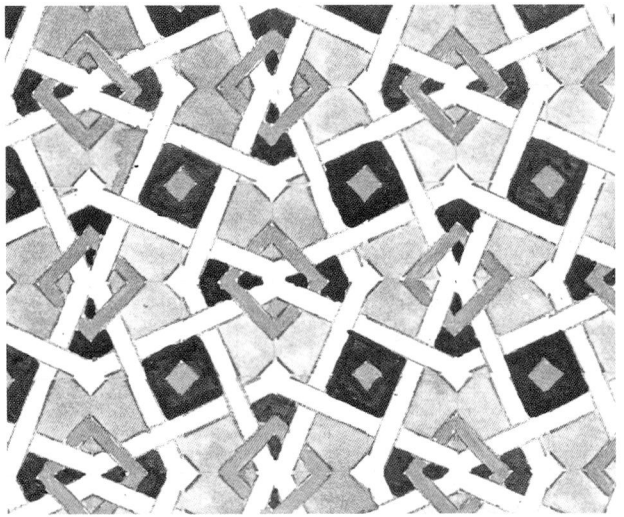

80. 模印的染色装饰 I，见彩图 6

81. 模印的染色装饰 II，见彩图 7

自白

周期性空间分割对于埃舍尔的重要性是难以估量的。在这一章里，我们只是用了几个，实际上是太少的几个例子来说明它的一些性质。但是我们的理解与埃舍尔本人对自己作品的看法可能并不一致。那么，就让我们用埃舍尔本人的话作为这一章的结束吧：

……我完全是一个人游走在周期性图案的园地里。然而，无论拥有自己的领地是多么令人满足，孤独却不像人们所期望的那样愉快；对此我实在是难以理解。每个艺术家，或者不如说每个人（在这种情况下尽量不要用艺术这个词），都有完全属于自己的特点与习性。但是周期性图案并不是单纯地出自神经冲动、习性或者爱好。它们不是主观的产物；它们是客观的存在。尽管我乐于接受这个事实，但是我不能理解，为什么在我之前，没有其他人产生过同样的想法。因为那些彼此填充的图形所具有的可辨识的形象、意义、功能和目的，都是显而易见、唾手可得的。一旦人们跨过了这个最初的门槛，这种活动就会比其他任何装饰艺术都更值得投入。

早在我通过阿尔汗布拉宫的摩尔艺术家发现了规则空间分割的关系之前，我已经从自己的角度意识到了这个问题。刚开始的时候，我根本不知道怎样把我的图案系统地建立起来。我不知道游戏规则，几乎对所要做的事情一无所知。我努力尝试，把一些全同的平面连接起来，并赋之以动物的形状……后来，新的基本图案的设计渐渐地不必像开始时那么费力耗神了，但它仍然是一项极其艰难、极其辛苦的工作，甚至是一种怪癖，它让我狂热地沉迷其中，难以自拔。

——M·C·埃舍尔
《周期性空间填充》(*Regelmatige Vlakverdeling*)
乌得勒支(Utrecht)[5]，1958年

82. 丢勒对透视法的演示

8 透视的探索

传统透视法

人类从开始绘画的那一刻起,就只能把三维的现实表现在二维的平面上。原始穴居人类想要再现的对象,诸如野牛、马、鹿等等,毫无疑问都是三维的,而原始人把它们画在岩壁上。

我们现在称之为透视的这种已经十分普通的表现方法是15世纪才出现的。意大利和法国画家试图把绘画变成现实的翻版。他们期望,当我们观看一幅画时,我们的视网膜上所呈现的图像,应该与我们在看到这幅画所表现的真实物体时所呈现的图像完全相同。

起初,人们都是凭本能行事,所以漏洞迭出。然而,一旦发现了描述这种表现手法的数学公式,事情就清楚多了。很显然,建筑师与艺术家是以同一种手法描绘空间的。

我们可以用图84来确定一个数学模式:图中观者的眼睛定位在O点;在他前面不远处,我们假设有个垂直的平面,这就是画布所在的位置。现在将画布后面的区域一个点一个点地移到画布上;为此,从点P到眼睛画一条线,这条线与画布的交叉点是点P',这就是点P被画的位置。

这个规则由丢勒(Albrecht Dürer,1471~1528)[①]进行了充分的演示(图82)。丢勒对自己的艺术技巧所隐含的数学特性表现了极大的兴趣。画中,这位艺术家在自己面前放了一个玻璃屏幕(就是画面),一个点一个点地描绘坐在屏幕后面的那个人。同时,他还用一根垂直木条把自己的眼睛固定在木条顶端的位置。

当然,让所有的艺术家都如此行事是行不通的。事实上,丢勒的装置只是对绘画表现这个难题的一个解答。而在大多数情况下,艺术家会依赖一些根据数学模型推导出来的规则。

下面是两条重要的规则:

1. 与画面平行的水平线和垂直线要画成水平线和垂直线。在现实中与这些线相等的距离也要画成相

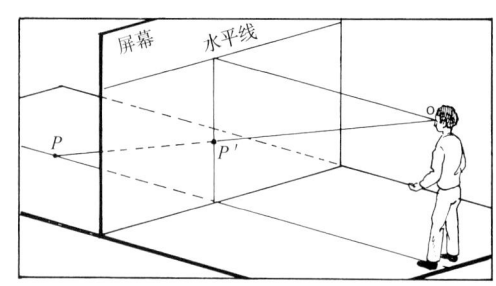

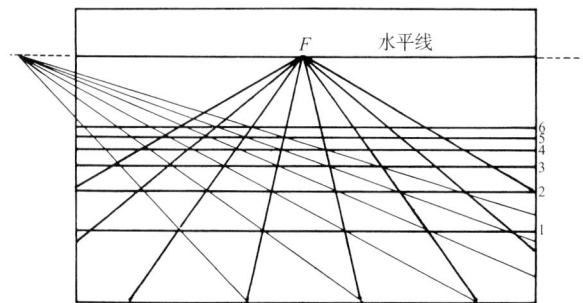

83. 直觉透射——从观众出发的所有直线都应该汇聚在同一个灭点

84. 经典透视法则

等的距离。

2. 从我们眼前向后退的平行线要画成通过一个点，即灭点的线束。与这些线相等的距离不能画成相等的距离。

埃舍尔在作品的创作中总是一丝不苟地遵循传统的透视方法，正因为如此，他的作品才具有强烈的空间感。

1952年，埃舍尔创作了一幅名为《立方空间分割》(*Cubic Space Division*)的石版画，其唯一目的就是要描绘无限伸展的空间。在此，他没有采用任何超出传统透视规则之外的技法。我们确实可以通过一扇方窗看到这种空间的无限伸展，像真的似的，但是，因为这个空间被一些朝向3个方向的条柱分割成了

85.《立方空间分割》，石版画，1952

86. 让·富凯，《皇家盛宴》(The Royal Banquet，局部)，法国国家图书馆，巴黎。未经正确透视而凭自然印象产生的效果。见彩图 8

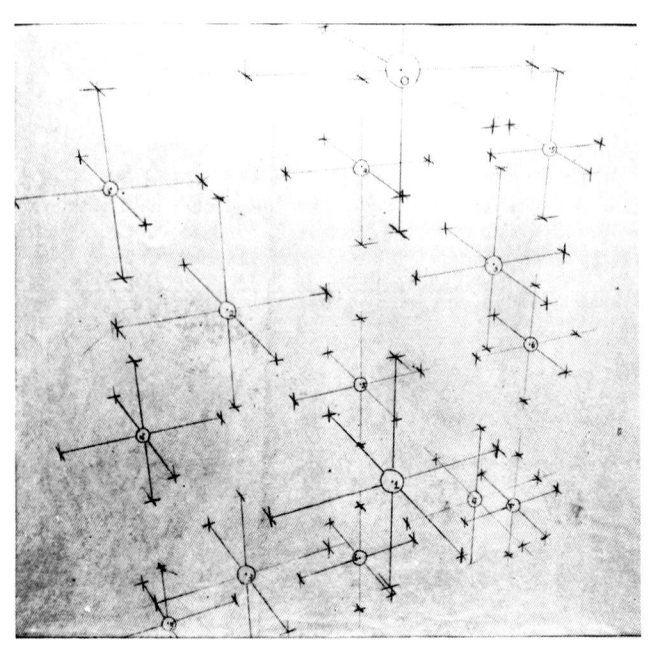

87.《深度》的前期研究稿,铅笔,1955

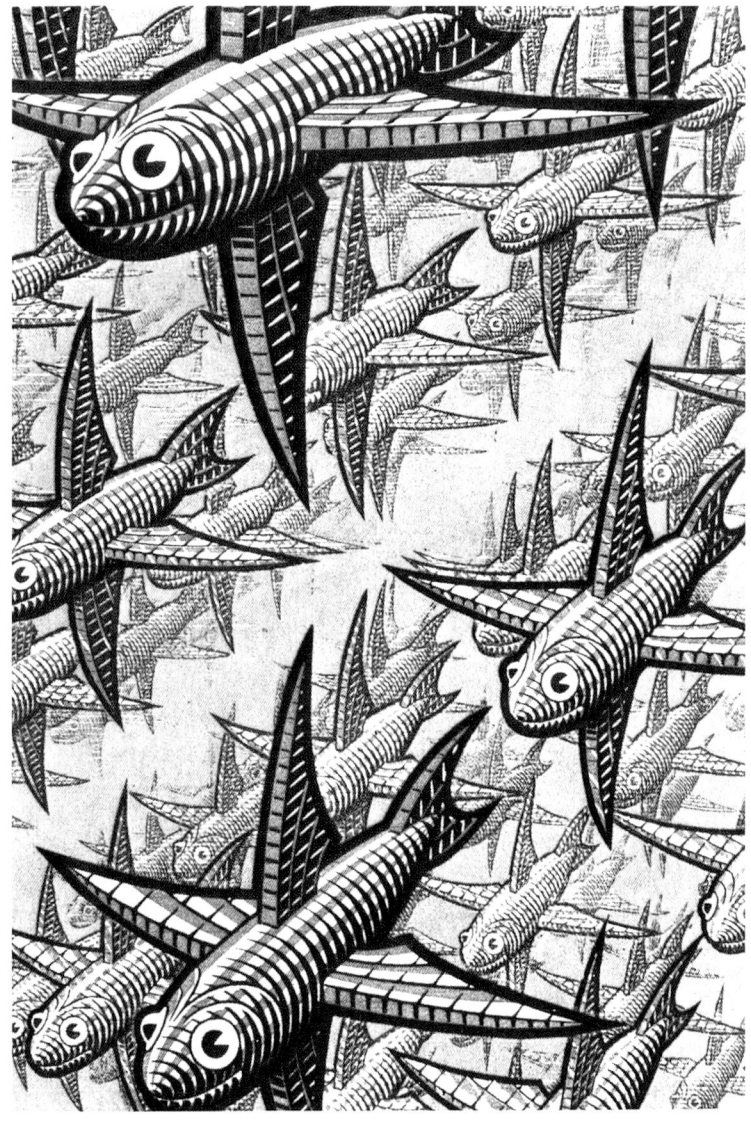

88.《深度》,木口木刻,1955,见彩图 9

很多完全相似的立方体,便营造出一个完整的全空间。

如果我们延长这些垂直的条柱,它们应该聚合在同一个点上,也就是底点(footprint)或天底。此外还有两个灭点,只要把向右的条柱和向左的条柱分别延长就会得到。但是,由于这3个灭点远远超出了画面的范围,埃舍尔不得不用一张非常大的画纸,才画出这个结构。

木刻《深度》(1955)的创作目的完全相同,但是在这幅作品中,那些代表大方块边角的小方块都被看上去是飞鱼的东西代替了,彼此连接的条柱也不见了。从技术上说,这个画题要困难得多,因为这些鱼要越画越小,缩小的比例还要非常准确;而且,为了加强深度的表现力,这些鱼离得越远,它们表现出来的反差还要越小。作一幅石版画可能还容易些,但是木刻就难多了,因为木刻的每一点都非黑即白,不可能用灰色来形成反差。然而,埃舍尔只用了两种颜色,就成功地引入了这种所谓的光透视法(light-perspective),作为增强立体空间表现力的一种手段。这种方法远远超越了几何透视的诸多限制。图87表示了埃舍尔是怎样精确地计算每个网格点周围的透视状况的。

天顶与天底的发现

传统透视法规定,和画面平行的一组平行线,也必须画成平行线。这就意味着这些平行线没有灭点,或者用射影几何学(projective geometry)的术语来说,它们的交点在无限远处。但这似乎与我们自身的经验相悖。当我们站在塔底仰头而视,会看到上升的垂直线交汇于一点,如果我们从这样一个视点拍摄一张照片,那就更清楚了。然而,人们实际上还是遵循传统透视法的规则,非常简单的原因就是,画面的视角从来不与地面垂直。如果我们把画面水平放置,向下看,就会发现所有的垂直线都相交在我们脚下的一个点上——用一句术语来说,就是天底。埃舍尔在其早期的木刻作品《巴别塔》(1928)中,就采用了这种极端的视点。这幅作品描绘了《圣经》中的一个悲剧所发生的场景,每一塔层上的人操着不同的语言,造成了极大的语言混乱。② 在木口木刻《罗马圣彼得教堂》(1935)中,埃舍尔还有一个与天底有关的"个人经历",这个案例不仅关乎建筑,也关乎对现实的感受。当时,埃舍尔用了很长时间在圆顶最上层的画廊里对他下面的场景作速写,来旅游的人问他,"嗨,你在那上边不头晕吗?"埃舍尔简短地答道:"那就对了。"

他第一次有意识地把天顶作为灭点是在1946年,那时他正为荷兰藏书票俱乐部(Netherlands Ex-Libris Club)制作一件小幅木刻作品③。这幅作品表现一个人正从一口很深的井中爬出来,重见天日。下面刻着一行字:"我们会出来的"——暗指第二次世界大战后百孔千疮的局面。

89.《罗马圣彼得教堂》,木口木刻,1935

90.《巴别塔》,木刻,1928

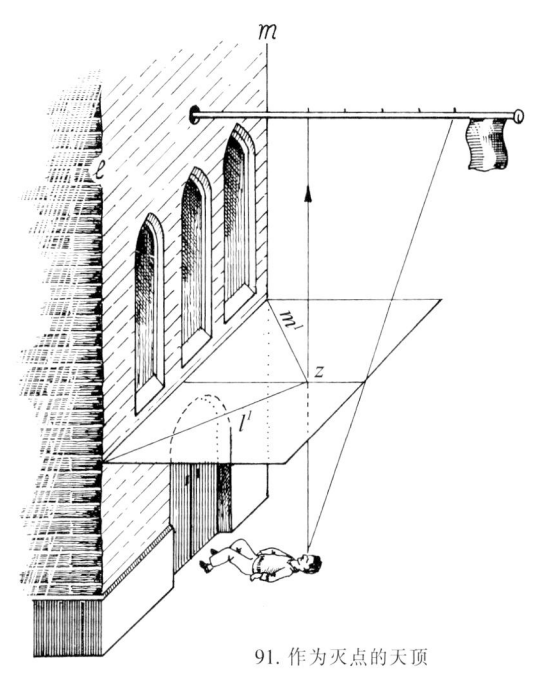

91. 作为灭点的天顶

图91说明了天顶是怎样成为垂直线的交点的。摄影师或画家躺在地上垂直向上看,平行线 l 与 m 表现为画中的 l^1 与 m^1,它们的交点就是这位观察者正上方的天顶。

灭点的相对性

画一组直线交于一点,这个点可以代表很多东西,包括天顶、天底和地平点(point of distance)④,等等。而究竟是什么点,则完全取决于周围的情况。埃舍尔试图在1946年与1947年的作品《彼岸I》(*Other World I*)⑤与《彼岸II》(*Other World II*)中演示这个发现。

在1946年的这幅铜版画中,我们看到了一条长长的隧道,有着拱形的窗户。这条隧道在一片漆黑中奔向一个点,根据其周围的环境,这个点可以是天顶、天底以及地平点。如果我们只看隧道的左右两侧,我们看到的便是呈水平状态的月球表面。隧道的拱窗也画得正好与月景的水平面相吻合。在这种情况下,隧道尽头的灭点就承担了地平点的功能。

然而,如果朝画面的上半部分看,我们就会发现自己正在俯视月球表面,居高临下,我们能够看到一只波斯人鸟与一盏灯。[这个雕像叫做Simurgh⑥,是埃舍尔的岳父从俄罗斯的巴库(Baku)买来,送给埃舍尔做礼物的。]所以现在这个同样的灭点就变成了天底。

最后,这个灭点还可以作为画面下半部分的天顶,因为这次我们是仰天而望,从下面仰视着鸟与灯。

但是埃舍尔本人对这幅作品一点儿也不满意:隧道没有什么明显的界限,灭点周围笼罩着黑暗,而且,用了四个面才表现了三处景色。

一年后埃舍尔又创作了一个新的版本,这次他消除了那些(对他而言)烦人的缺憾。这幅四色木刻鬼斧神工般宛若天成。长长的隧道没有了,我们发现自己处在一间奇异的屋子里,其中,"上"、"下"、"左"、"右"、"前"、"后"的概念随时都会发生变化,它取决于我们从

92.《彼岸 I》,铜版画,1946

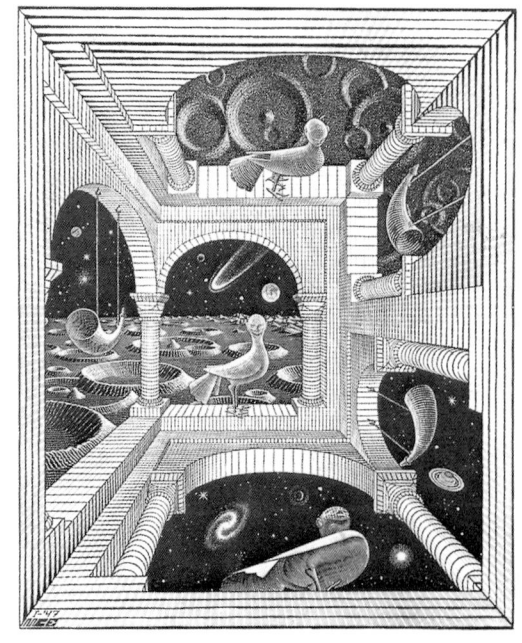

93.《彼岸 II》,木口木刻,1947

94. 以天顶为灭点的书签(我们会出来的),木刻,1947

哪一个窗子看出去。如何让一个灭点起到三重功能,埃舍尔想出了一个非常聪明的办法,就是给这个奇特的建筑画上三对面积几乎相等的窗户。

在这两幅《彼岸》中,都只有一个灭点。但是在埃舍尔1953年制作的石版画《相对性》(*Relativity*)中,在作品的外围有三个灭点,它们形成了一个边长为两米的等边三角形!每个点都承担着三个不同的功能。

相对性

在这幅作品中,三个完全不同的世界构成了一个统一的整体。它看起来十分怪异,却像真的似的,任何一位对模型感兴趣的人都可以根据这幅版画制作一个三维模型。

这幅作品中出现的16个小人可以分成三组,每组小人都生活在自己的世界里。而且对于所选定的任何一组小人,他们的世界都是这幅作品所画的全部内容;只有他们才能感觉到事物的差异,并赋予它们不同

95.《相对性》,石版画,1953

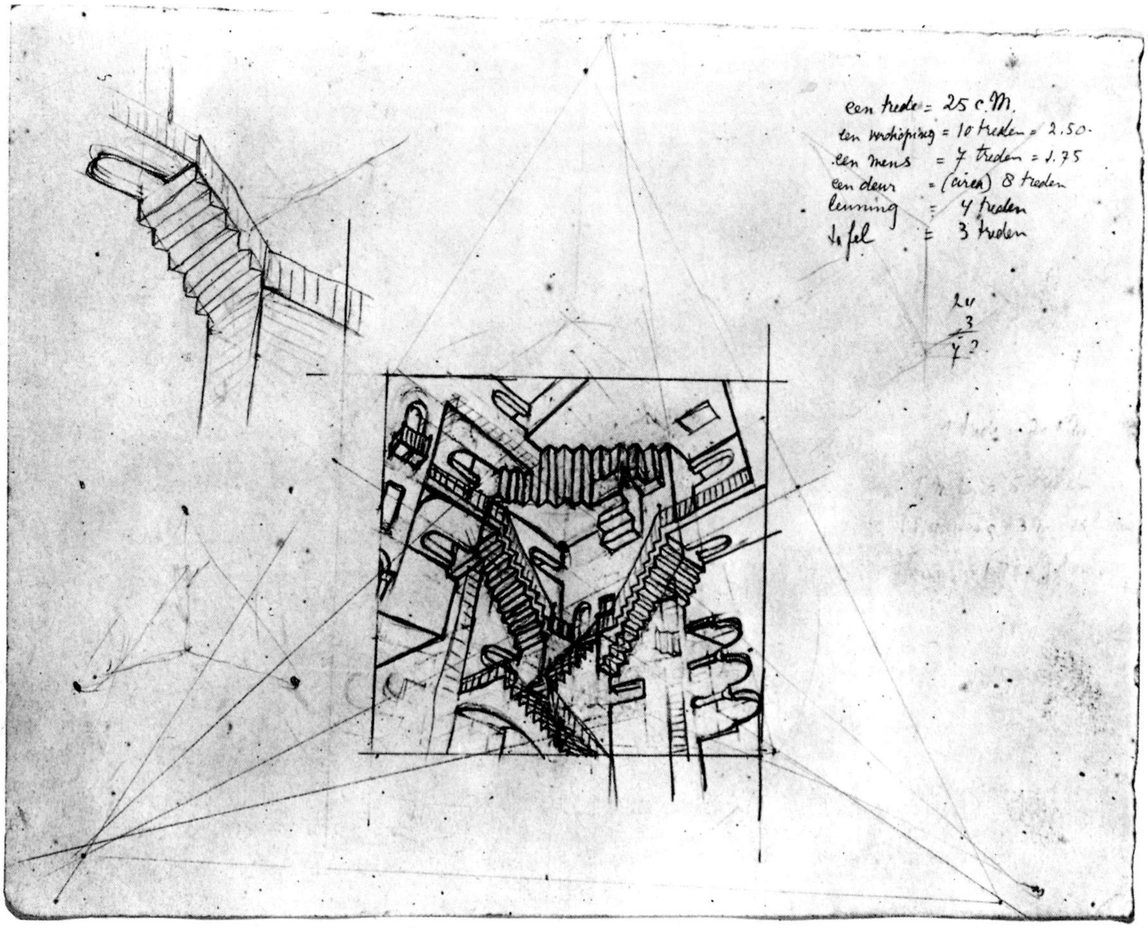

96. 有三个灭点的《相对性》研究稿,铅笔,1953

的名称。其中一组的天花板,可能是另一组的墙;一组认为是门的东西,另一组可能认为是地板上的活动门。

为了分辨这三组不同的人,不妨给他们起个名字,例如直立派(Uprighters)——就是那个从画面底部朝上走的人,他们头朝上;然后是左派(Left-leaners),他们头朝左;还有右派(Right-leaners),他们头朝右。但是我们没办法以中性的视点来看待他们,因为我们显然是属于直立派的。

画面上有三个小花园。直立派1号(底部中间的那个)可以向左转,爬上台阶,来到他的花园。对于他的花园,我们只能看到两棵树。在通向花园的拱门旁边,他有两条上楼的路可供选择。如

97.《相对性》的木刻版。这块版从未印刷过。

果向左,他会碰到两个同伴;如果向右,沿着楼梯上行,他会看到最后两位直立派。我们根本看不到直立派的地板,但是他们的天花板有很大一部分出现在画面的上方。

在画面的中央部分,就在直立派的一堵边墙上,一位右派[7]正坐着看书。如果他抬起头,就会看到不远处有个直立派。他会认为那位直立派站得非常奇怪,因为在他看来,就像是仰着滑行似的。如果他想站起来,爬上左侧的台阶,还会发现另一个了不起的人在地板上侧着滑行,这回是个左派;但后者却坚信,他背着一个口袋,正从他的地窖里走出来。

右派爬上台阶,向右转,再爬一段楼梯,他会遇见一位同伙。然而,这个楼梯上还有一个人——一个左派,虽然他与右派走的是同一个方向,但却是在下楼而不是上楼。这位右派与那个左派彼此互成直角。

要看出右派怎样走到他的花园是没有什么困难的。但是你能否看出来,那位背着一袋子煤的左派,以及画面左下角端着篮子的左派,他们怎样才能到达他们的花园呢?

围绕在画面中央的三个大楼梯中,有两个可以两面并行。显然,直立派可以使用三个楼梯中的两个。但是,左派与右派呢?——他们也可以使用两个或三个楼梯吗?

在横跨画面顶部的楼梯上,能够出现一种极不寻常的情形,[8]同样的情形也能出现在其他两个楼梯上吗?

很明显,在这幅作品中,有三种不同的引力互成直角。这就是说,在三个现存的平面之中,总有一个可以作为三组人群中某一组的地面,每一组都会受到某一个引力场的作用,且仅仅一个。

我敢说,对于这幅作品的深入研究迟早会对宇航员有所帮助。它将帮助宇航员认识到这一点,空间中的每个平面都可以随意地成为地面,他们必须习惯,看到同事随时随地都可能从夸张的位置出现,他们不会头晕,也不必困惑!

在埃舍尔为数不多的非印制作品(nonmultiple reproduction work)[9]中,我们可以找到《相对性》的另一种版本。也就是说,他为同一幅画先创作了石版,又制作了木刻。除了打样,这块木刻从来没有印刷过(图97)。

98.《高与低》的上半部分

新规则

如果我们看图98,就会发现所有的垂直线都汇聚在位于画面下边中央的天底。这并没有让我们产生特别不自然的感觉,似乎这些线就应该是曲线,而不应该是按照传统透视法则画出来的直线。

这就是埃舍尔在透视领域最重要的创新之一:曲线能够比直线更准确地反映我们对空间的感受。埃舍尔从来没有把这个发明用作任何版画的核心题材,然而,他立即让它发挥了作用。为了说明他的新规则如何用在平常的画作中,我们先把版画《高与低》的上半部分截取出来。

曲线是怎样取代直线的呢?要找到答案,我们先看一下图100。这个人躺在草地上两根电线杆的中间,仰头看着两根平行的电线。P与Q是离他最近的两个点。如果他向前看,他就看到电线在V_1处交汇;向后,会看到它们在V_2处交汇。于是,无限延伸的两条电线就可以画成菱形V_1QV_2P(图100b)。但我们根本不信!因为

99. 让·富凯的微型画(miniature),1480,见彩图 10

埃舍尔对电线效应的解释(100~103b)

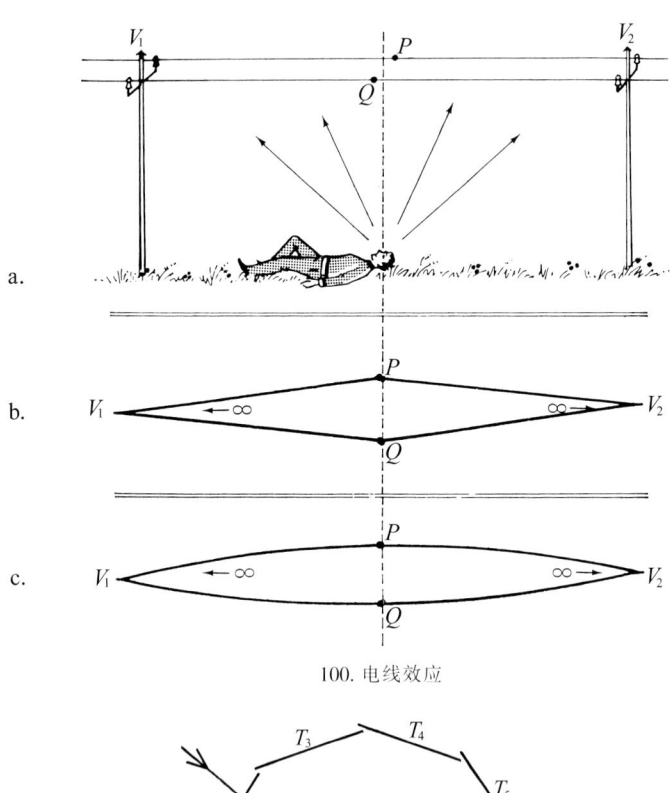

a.

b.

c.

100. 电线效应

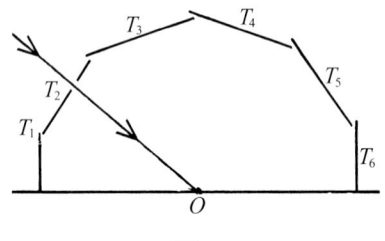

101a.

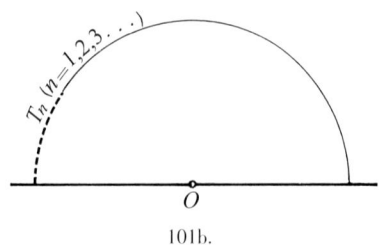

101b.

我们从来没有见过点 P 与点 Q 处的突结，所以从连续性考虑，可以把它们画成曲线，如图100c。

这种表现方法与我们实际看到的景象确实相符，我们曾经亲自证实过。为此，我们拍摄了一条河的全景照片。我们站在水边，一共拍了12张照片，每曝光一次，照相机就转15度。把12张照片连起来看，河岸看起来的确很像图101b。

油画家与其他门类的画家也都知道这种曲线透视法。微图画家(miniaturist)让·富凯(Jean Fonquet)[10]在他的很多作品中都"将直线画成了曲线"(图99)，埃舍尔也曾说过，有一次他画意大利南部一个小村庄的修道院，就把修道院的水平线与教堂的中央塔楼画成了曲线——因为那就是他所看到的样子。

如上所说，是因为考虑到连续性才把直线画成了曲线。但是，这里面有什么几何问题吗？是否可以解释为什么直线弯成了曲线？是哪一类曲线？是圆的一部分，双曲线的一部分，还是椭圆的一部分？

为了弄清楚这个问题，我们可以研究一下图101a。点 O 是躺在电线下面的那个人的眼睛。他在向前看时，看到电线映射在画面 T_1 处。他的目光向上移一点点，画面也往上移一点点(T_2)。画面始终与他眼睛的轴线成直角。画面 T_1 至 T_6 都与河的照片相吻合。当然只拍6张照片还不够真实；在现实世界中，

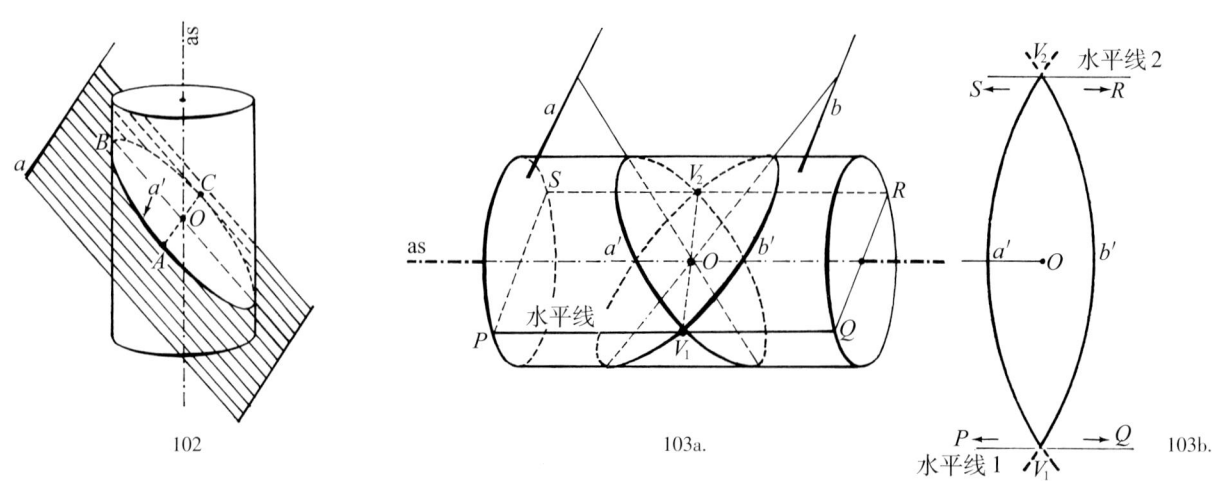

102

103a.

103b.

它的数目应该是无穷大(图101b)。那么,整个画面就应该是圆柱形的。这里我们只看到了它的横截面。

图102画出了整个圆柱体,a是与轴线成直角的一条线,如电线。那么,它在圆柱体上该怎样表现呢?为了说明这一点,我们将点O与线a上的每一个点一一连接起来;这些连线与圆柱体外表面相交的点就是线a的映射点。

当然,我们也可以建立一个穿过线a与点O的平面。这个平面与圆柱体相交,会形成一个椭圆切面,线a就表示为标注以ABC的那个部分。

图103a中,线a与线b是两条电线,图中还给出了圆柱体和观察者位于O点的眼睛。

线a与线b映射的图形是半椭圆a'与b'。可以看到,这两个半椭圆在灭点V_1与V_2处相交。

最后,我们必须看到,我们要的画面必须是平的,因为我们要把它表现在平面上。不过,这一点毫不费力。沿线 PQ 与线 RS 将圆柱体切开,将上半部分压平(图103b),这时,a'与b'不再是半椭圆形,而是正弦曲线(sinusoids)了。(篇幅有限,这里就不多解释了。)

埃舍尔本人是通过一个直觉的建造过程达到上述结果的。实际上,他根本不知道他所画的曲线是正弦曲线,但测量表明,这些曲线确实与正弦曲线符合得很好。埃舍尔本人在一封信中谈到了这个话题,说到了他是怎样下决心采用曲线的,其中他使用了草图104~106。

高与低

正如我们前面所说的那样,埃舍尔并没有在任何作品中为了表现曲线而使用曲线,而是把它们与石版画《高与低》(1947)中灭点的相对性结合起来。为了说明《高与低》的结构,他曾送给我一幅草图(图106)。在这幅图中,我们不仅可以看到曲线的应用,还可以看到画面中心点的双重功能,即,既作为下面塔的天顶,又

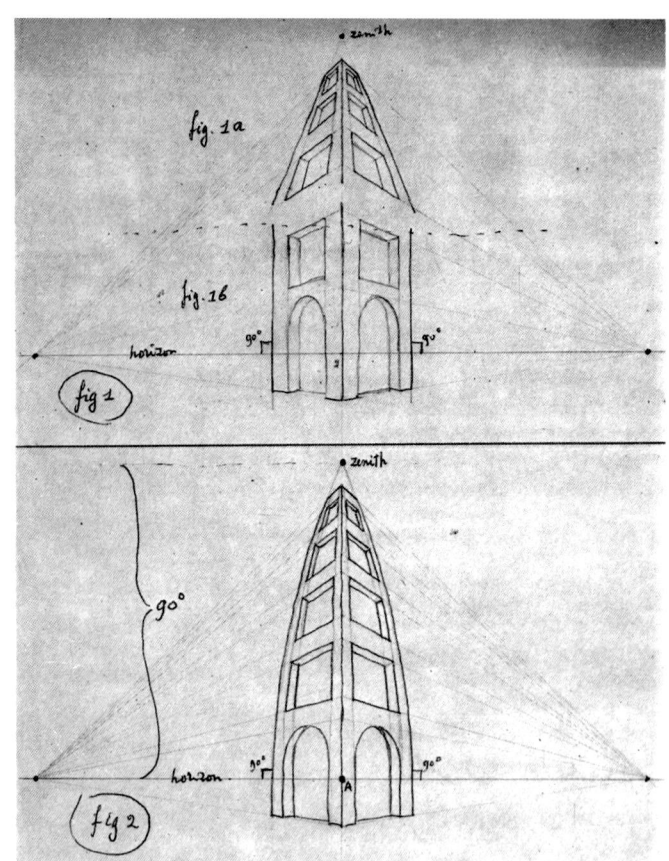
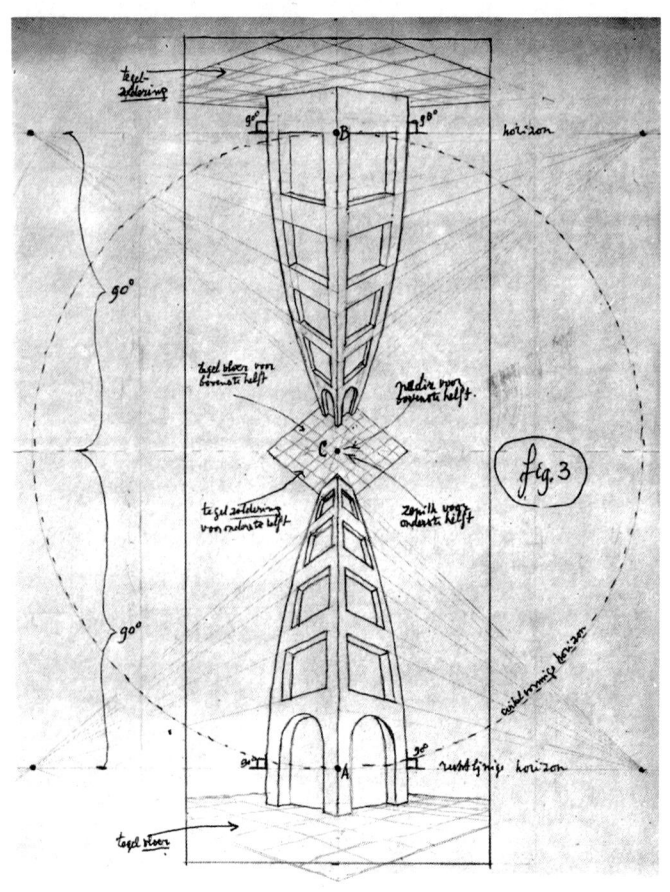

104~106. 埃舍尔对《高与低》的构造作出的图示

107.《高与低》,石版画,1947

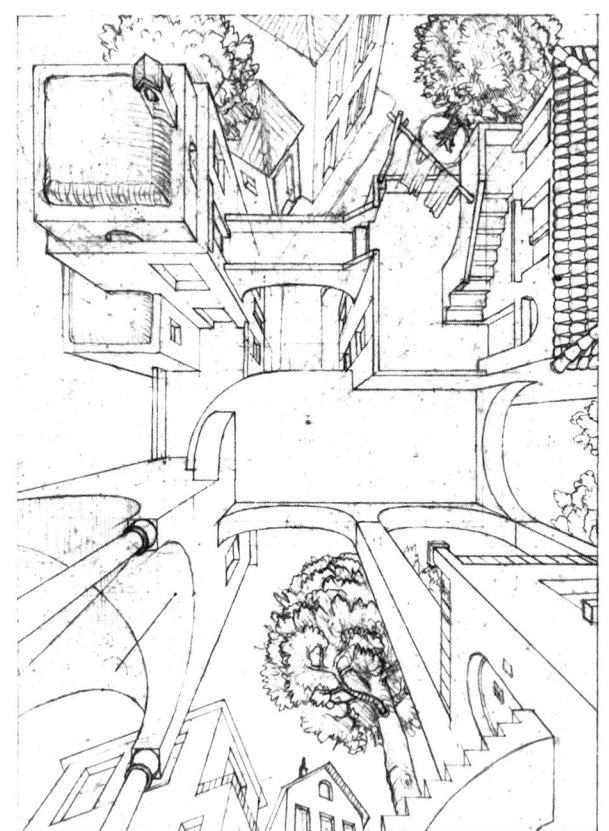

108.《高与低》的第一景,铅笔,1947

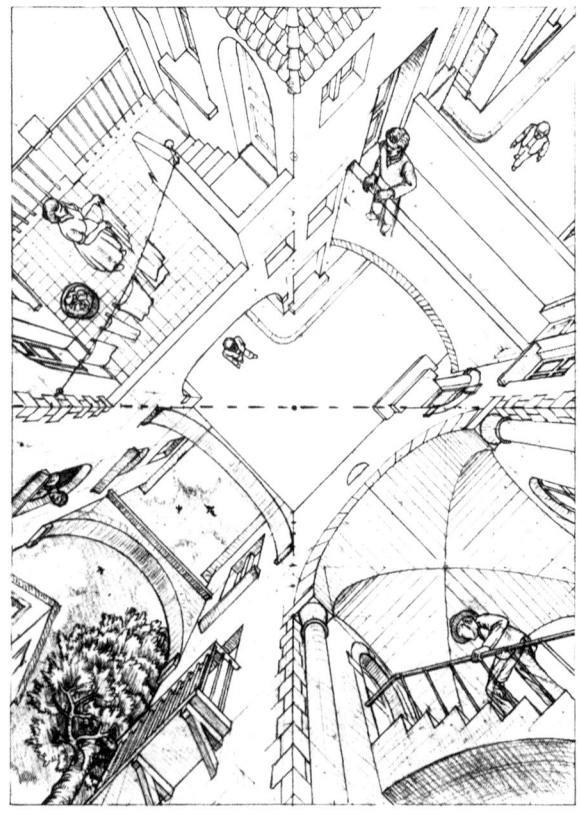

109.《高与低》的第二景,铅笔,1947

作为上面塔的天底。

现在,首先让我们仔细看一下《高与低》。与《画廊》一样,这幅画也是埃舍尔的一件精品。不仅作品的意图以高超的技巧表达出来,画面本身也非常漂亮。

无论是谁,如果他刚刚爬出地窖,出现在画面底部右侧的位置,都会对自己的来处感到难以索解。但是,他还没有来得及发呆,仿佛就被沿着廊柱和棕榈树的曲线发射到画面中央暗黑的地砖上。然而,他的眼睛在这儿也停不住;又一次不由自主地沿着廊柱向上跳跃,似乎被某种力量扔过双色石拱门,甩到左侧。

如果我们从上往下看,也会体验到这种飞翔一般的感觉。最初,我们除了在这个奇异的世界里跳上跳下,什么都做不了。所有的主线条都从中央出发呈扇形张开,又回到中央——就像在画面上出现了两次的棕榈树的叶子。要想平心静气地欣赏这幅画,最好是用一张纸先把画面的上半部分遮起来。这时,我们发现自己站在右侧的塔与房子之间。在上面,房子与塔由两块石头连接起来。如果我们抓住这个机会,停下来眺望这处景色,就会发现自己正俯视着一片安宁、和煦的广场,这是在意大利南部随处可遇的景象。

在画面的左侧,我们可以爬上两段楼梯登上房子的二楼,窗边一个姑娘正向下看着,与坐在楼梯上的男孩正进行着无言的对话。房子似乎坐落在街角上,与画外左侧的房子连在一起。

在画面未遮盖部分的顶部正中,我们可以看见镶着瓷砖的天花板就处在我们的正上方,其中心点就是我们的天顶。所有上升的曲线都指向这个点。现在,让我们将那张遮挡画面的纸张下移,这次只让作品的上半部分露出来,如图109所示。我们会看到同样的场景再次出现——同样的广场、棕榈树、街角的房子、男孩与女孩、楼梯和那座塔。

正如开始的时候我们的视线会情不自禁地向上看,现在它又不由自主地向下看。好像从很高很

110.《高与低》的全景,有着弯曲的直线和两个不同的景象,铅笔,1947

高的地方向下俯视,我们看到了铺着瓷砖的地面——的确,现在是瓷砖地面——只限于草图上可见部分的底部。它的中心点就在我们的正下方。最初的天花板现在变成了地板,天顶也成了天底,依然是所有下行曲线汇集的灭点。

这时我们才弄清我们最初是从哪里进入作品的,我们是从塔底那扇小门进去的。

现在我们可以把那张纸拿开了,看一下完整的画面。铺砖的地面(同时也是天花板)一共出现了三

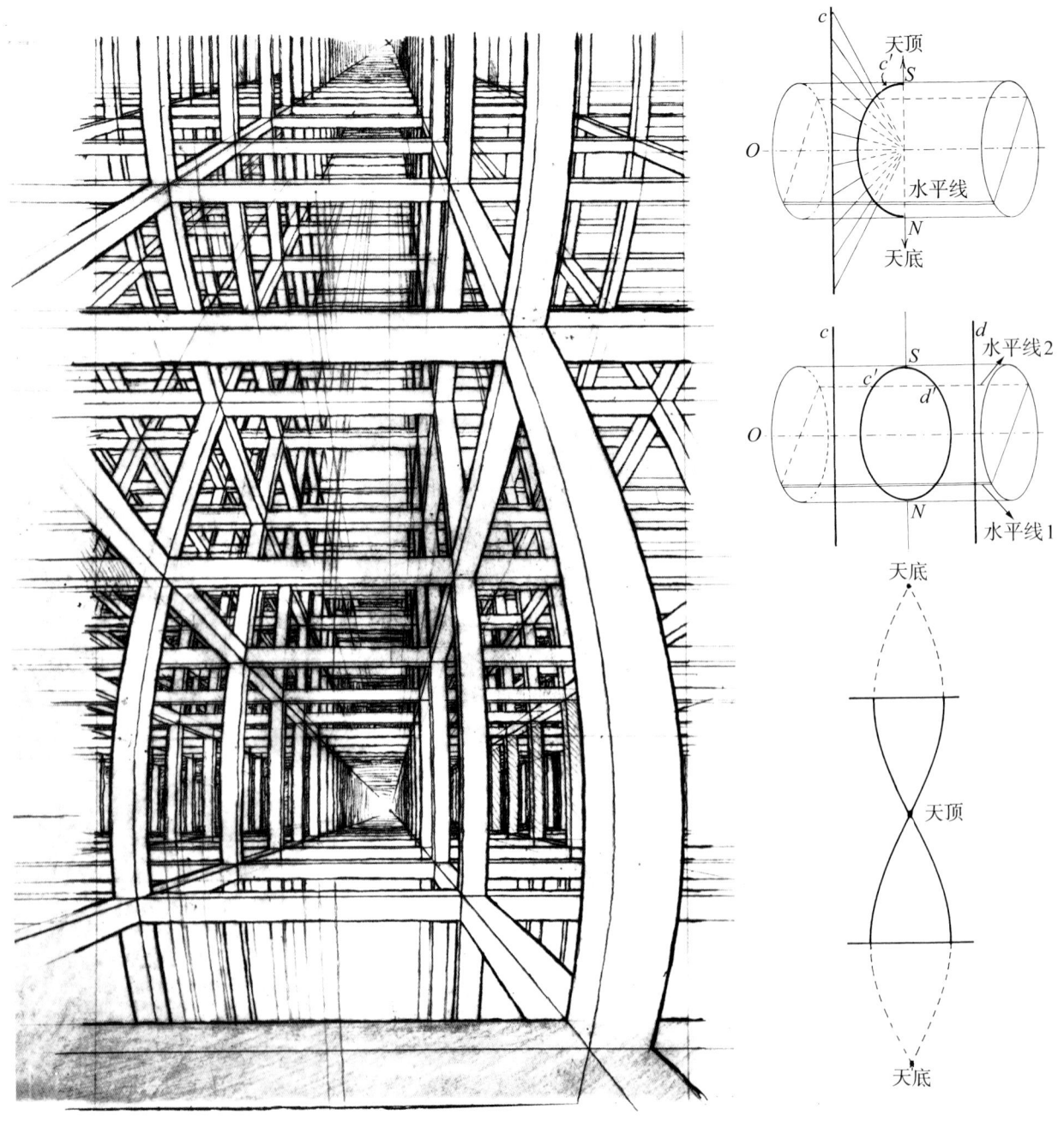

111. 曲线填充的立方空间(《阶梯宫》的研究稿,墨和铅笔,1951)

112~114. 圆柱面上的垂直线

次——在底部作为地面、在顶部作为天花板、在中间则既作地面又作天花板。然后,我们也应该把右边的塔作为一个整体审视一下。正是在这里,上与下之间的张力最为剧烈。中间偏上一点是一扇窗户,倒过来朝下;中间偏下一点也是一扇窗户,朝上。这就意味着,这一边角处的房间有着极不寻常的特点。这个房间必然会有一根从正中穿过的对角线,如果没有足够的勇气,你绝对不敢迈过它。因为就在这条对角线的两侧,"上"与"下"完全倒了过来,地面与天花板也是如此。你以为自己稳稳当当地站在地面上,可是,只要跨过对角线一步,就会发现自己突然悬在天花板上了。埃舍尔没有把里面的情形表现出来,但是他用两扇角窗暗示了这一点。

作品的中间部分还有更多内容可供分析。不妨从楼梯走下,去塔的入口处;如果你继续向画面的下面走,就会头朝下悬在塔顶。毫无疑问,一旦发现这个局面,你会一刻不停地往回返,回到直立行走的状态。那么,从塔顶最高的窗户向外看,你看到的是房子的屋顶还是广场的底部?你是处在高高的天空还是爬在平实的地面上?

现在回到画面左侧,沿着男孩所坐的楼梯向上,有一个视点会让你头晕目眩。你不仅能从那儿向下看到中间部分的瓷砖地面,还可以看到下面的下面。那么你到底是悬在那儿还是站在那儿?在上半部分的那个男孩,假设他倚在栏杆上,向下看到下层楼梯上的自己,会怎么样呢?那个在最上面的女孩能看见最下面的男孩吗?

这幅版画似乎有自己的思想,因为上半部分根本不是下半部分的镜像。所有的东西都牢牢地处在自己应处的位置上。我们可以向上看,也可以向下看,画中人也是这样;只不过,我们不得不采取两个不同的立足点。在画面的下半部分,眼睛的水平线正好与房子上应该挂信箱的位置相齐,但是视线会本能地向上,被吸引到画面的中央。在画面的上半部分,眼睛的水平线正好与最高的两扇窗户对齐,但我们的视线同样会不由自主地

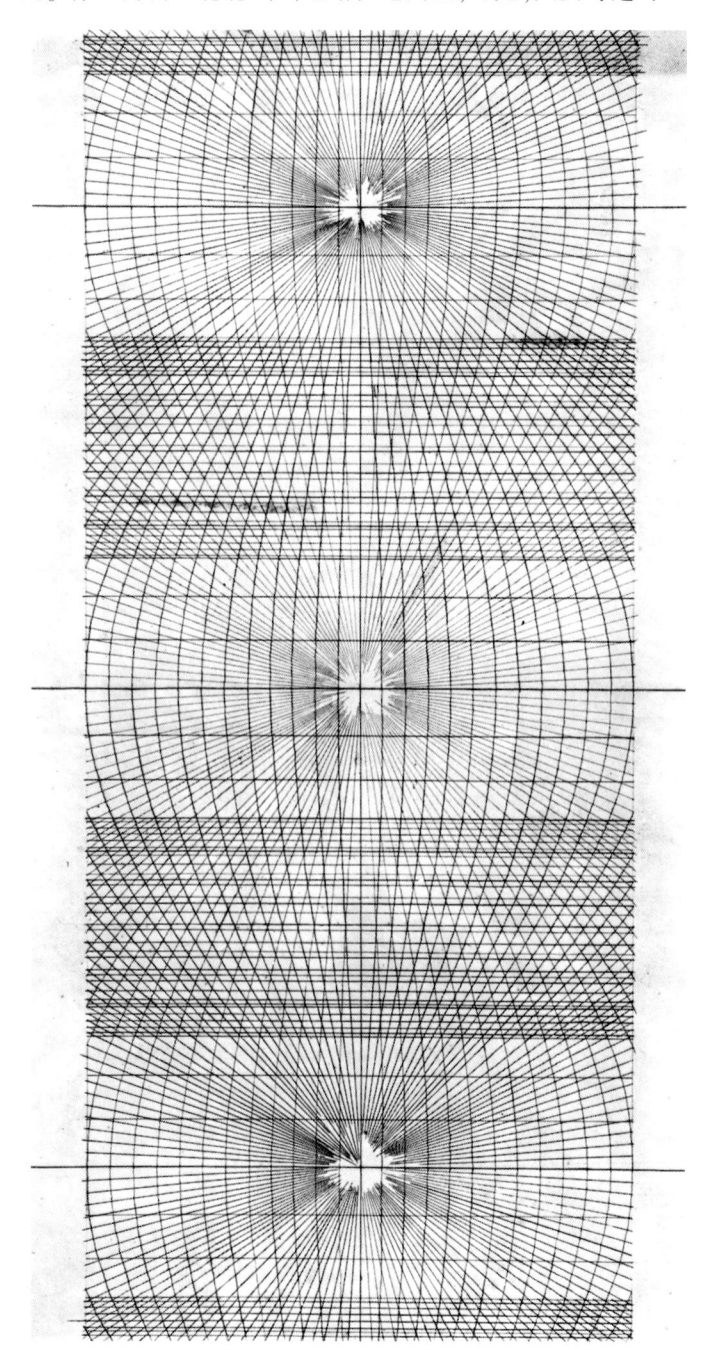

115.《阶梯宫》的网格

向下,来到画面的中央。我们的眼睛无法安静下来,因为它不能在两个同样合理的视角中确定一个,这毫不奇怪。然而,尽管我们的眼睛不得不在上下两个景象之间游移,整个画面还是作为一个整体出现在我们面前,同一场景的两个彼此不能相容的视觉表达方式在这里构成了神秘的统一。

为什么埃舍尔要在他的石板上画这样一幅画呢?在这种神奇的构造后面闪烁着什么样的秘密呢?

从构造的角度看,立即可以发现两个要素:

1. 所有的垂直线都弯曲了。如果看得再仔细一些,还可以发现有些水平线也是弯曲的(例如,塔上的排水管,在画中央的右侧)。

2. 所有的"垂直曲线"都是从画面中央向四周辐射的。就画面上半部分的垂直线来说,我们不妨暂时把这个中心点称作底点或天底。然而这一点同时也是画面下半部分的天顶。

这两大要素是互相独立的。在埃舍尔为《高与低》所做的前期研究中,有两幅非常精致的草图其实都只是基于上述第二点——也就是说,基于画面中同一个灭点的双重功能。图108并未使用任何曲线。埃舍尔觉得这样过于乏味,就把这个直线结构转动了45度。这些草图与《彼岸》其实是属于同一类的作品。直到后来出现的一幅前期研究稿中,我们才看到弯曲的垂直线以逐渐增强的张力指向天顶—天底。

这幅画虽然看起来很怪,但却营造了更强烈的现实感。图110的下半部分与《高与低》的完成稿的下半部分已经非常相似了。但是这里给出的前期草图没有一张能够成功地填补天顶—天底周围的空白。这块空白必须同时既是天空也是地面,几乎没有画出来的可能。然而在成稿中,埃舍尔只是把同一个画面使用两次,就达成了惊人的统一。天顶—天底这个非常艰难的画题就以这样一种新奇迷人的方式解决了,于是我们发现,画面中央的某些瓷砖既可以遮盖地面,又可以装饰天花板。

立方空间填充的新透视法

图111所绘的演示图可以看做是石版画《阶梯宫》(*House of Stairs*, 1951)的预演。然而,由于成稿远远偏离了草案,还不如把它看做是一幅完全独立的作品,虽然这不是一幅意在印制流传的作品。画面的题材与我们已经讨论过的《立方空间分割》(1952)完全相同,只是埃舍尔在这里应用了一些新发现的透视规则,也应用了曲线。一看到这幅画,我们一下子就会被灭点的相对性所迷惑。画面上部的灭点到底是地平点还是天顶?现在,让我们一步步地重新构造形成此画基底的透视网格。

在图112中,依然让点 O 代表观察者的眼睛所在的位置,同时我们想象一个圆柱体。那么,

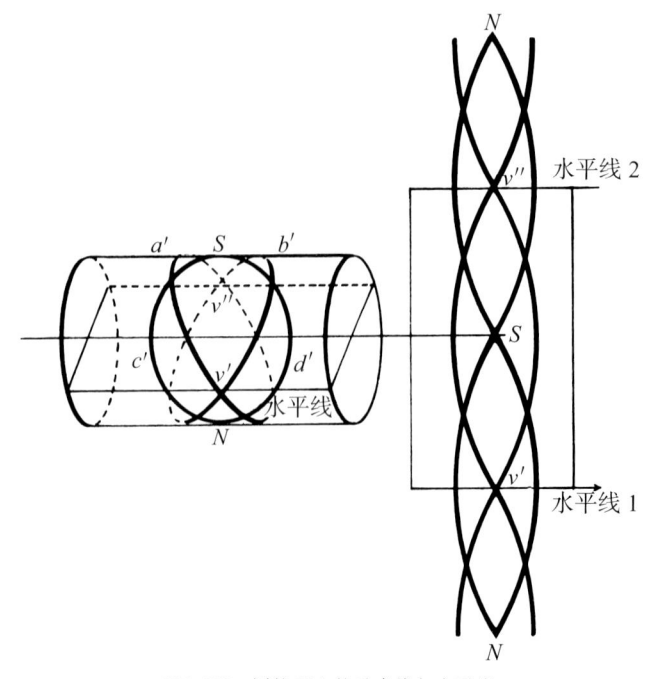

116~117. 圆柱面上的垂直线与水平线

线c应该如何表示在柱面上呢？我们可以构造一个穿过线c与点O的平面，这个平面与圆柱体相交，会产生一个椭圆c'（只画出了前面部分）。在图113中我们可以看到，平行的垂直线c与d被画成了椭圆c'与d'；其上面的交点是天顶，下面的交点则是天底。如果将圆柱体侧面切开、展平，就得到图114，两条正弦曲线在天顶相交，然后又在天底相交，圆柱体上下两个天底是一致的。

现在我们需要知道，如果水平线与垂直线都画出来，圆柱的侧面会是什么样的。图116画出的水平线a与b，如我们在图103a中所看到的那样，在柱面上表现为a'与b'，同时，垂直线c与d表现为c'与d'。c'与d'只画出了前半部分，这是为了让画面清楚一点。图117表示了圆柱体的柱面。水平线1与2之间的片段几乎与埃舍尔用在《高与低》中的网格相吻合。但是现在要表示抽象的东西，这些网格就无以为用了。想象一下，我们的正弦曲线无限地上下延伸，于是，每条通过垂直轴上的交叉点的直线都可以代表一个水平面，而任何一个交叉点都可以随意地代表天顶、天底以及地平点。

这里我们只用了几条线来勾画基本格局的演示图；而埃舍尔创作了更为复杂的版本，用在了图111和《阶梯宫》中，这就是图

118.《阶梯宫》，石版画，1951

115。虽然这里我们只能看到三个灭点,然而,这张图可以向上下两个方向无限延伸。

《阶梯宫》

这是一座极为复杂、极为荒凉,到处都是楼梯的房子,只有一些机械移动的兽类(埃舍尔称它们为小卷兽)住在里面——它们不是在用6条腿走路,就是蜷曲着,像轮子一样滚动。这幅作品的基本框架就是图115所画的网格。

在图119中,我们看到的穿过画面的几条线都出自这个网格。从这里可以看到,这幅画有两个灭点,每个点都画上了一条水平线。这样便可以毫不含糊地为每一个小卷兽确定天顶、天底以及地平点。比如,就那只在平台中央正在伸展的大一点的小卷兽来说,V_1是它的地平点,V_2是它的天底。与此同时,墙面对于每一个小东西也具有不同的意义,不仅可以是地面,也可以是天花板,是墙壁。

这个复杂得难以言说的作品却是用少得不能再少的建筑材料构建的。甚至,A与B之间的片段已经包括了所有的基本元素。通过滑移反射,它邻近的片段也包含了与AB间片段完全相同的元素。把AB间的片段在描图纸上画出一个简单的轮廓,就可以轻而易举地证明这一点。把描图纸翻转过来,让它反面朝上,然后向上滑行,就会发现它与上面的部分完全吻合。这也同样适用于下面的部分。用这种方法,我们可以制作一件无穷长的作品,由无数全同片段与它们的镜像交替出现而构成。图121是埃舍尔为《阶梯宫》所作的诸多前期草图中的一个。

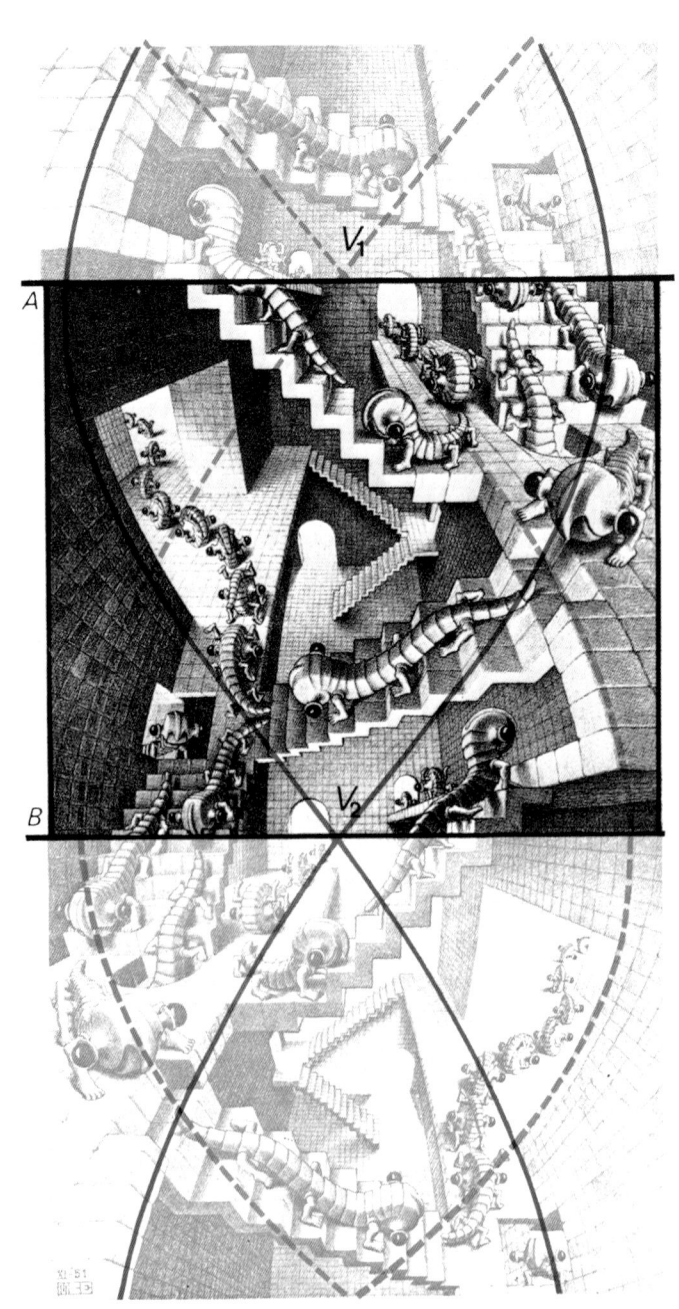

119.《阶梯宫》的构造

或许,埃舍尔采用的圆柱透视法已经深深地震撼了你,在这里,曲线代替了传统透视的直线。也许这个方法还可以进一步发挥。比如,为什么不用以观众的眼睛为中心的球面来代替圆柱面?因为鱼眼透镜所产生的景象看起来就像是在一个球面上。埃舍尔确实曾考虑过这些可能,但是他没有付诸实践,因此,我们在这里也不作进一步的讨论了。

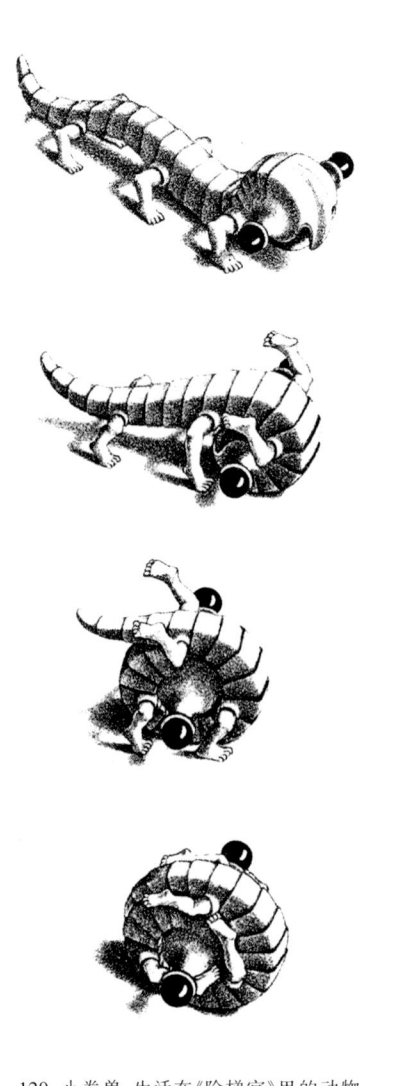

120. 小卷兽,生活在《阶梯宫》里的动物

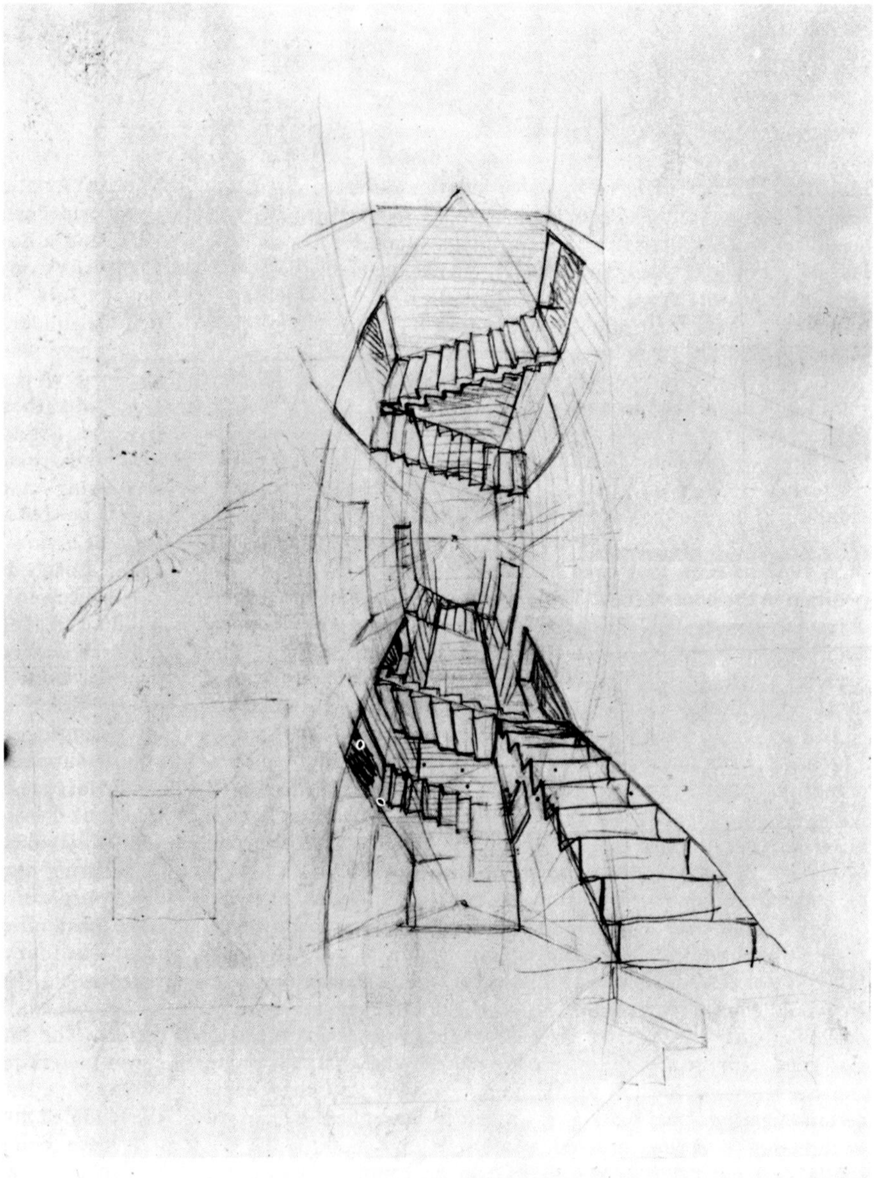

121.《阶梯宫》的一个前期研究稿

尤金(Eugene)和维利·斯特伦斯(Willy Strens)委托制作的贺卡

9 邮票、壁画和纸币

　　起初,埃舍尔几乎不拒绝所有可能的订单,因为他觉得,应该尽可能地靠自己的工作去维持自己的生活。他曾为书籍制作插图。他画的最后一本插图是关于代尔夫特(Delft)①的,1939年,他为那本书制作了木刻,但从未发表过。1956年,埃舍尔曾接受了德鲁斯基金会出版的一册珍藏版(bibliophile edition)图书的创作,既写文字,又画插图,其主题是周期性平面分割。但埃舍尔觉得这项工作无聊之极。他不得不把他很久以前就知道的东西付诸文字,而他其实更愿意形诸图画。非常遗憾的是,这本书的印数实在是太少了(只有175本)。文字很精彩,埃舍尔对他的周期性平面分割类作品作了很好的介绍。

　　1932年他甚至接受了官方艺术家的职位,到意大利的长靴里②去考察。考察队由雷利尼(Rellini)教授负责,一位名叫利奥波德(Leopold)的荷兰人也参加了,他是荷兰历史学院(Netherlands Historical Institute)在罗马的共同负责人。那次考察的绘画作品都留在利奥波德那里,但没人知道后事如何。还有一些小的设计工作埃舍尔也接受了,包括藏书票(bookplates)、包装纸(wrapping paper)、织锦图案(damask design)、杂志封面(magazine cover),以及一些硬包装(solid items)等等。最后这一项只有单独一件,是一只装饰着海星与贝壳的二十面体的糖果盒,作为一家罐头盒生产公司(Verblifa)75周年庆典的公关礼品,这是1963年的事。

　　平均而言,每年都至少会有一份订单占用埃舍尔的独立工作时间。可是,这些订单从未引发任何有价值的新思路。没有什么灵感涌现出来,相反的情况倒是常见。他要从他的独立创作中为他的订单寻找已经用过的主题与设计。或多或少,这都是不言而喻的,客户之所以委托埃舍尔设计,一个简单的原因就是他们了解埃舍尔作品的某些特色,也希望埃舍尔把这些特色在他们订做的物品上表现出来。

埃舍尔的邮票设计可以说是他接受的最重要的工作。1935年,他为国家航空基金会(National Aviation Fund)设计了一枚邮票;1939年,为委内瑞拉设计了一枚;1948年,为世界邮政联盟(World Postal Union)设计了一枚;1952年,为联合国设计了一枚;1956年,他又设计了一枚欧洲邮票。

122. 为一本未能出版的关于代尔夫特的书籍制作的木刻插图,1939

荷兰纸币的设计工作延续了很长时间。1950年7月，他接受了10盾、25盾和100盾纸币的设计工作。后来他还设计了50盾的纸币。为此，他付出了大量心血，还经常与委托人讨论他的设计。但是，1952年6月，订单被收回了。因为埃舍尔的设计不能与滚花机(checkering machine)的要求达成一致，这些滚花机能够制作一些高度复杂的曲线，大大提高印制伪钞的难度。这个工作所留下的一切现在都可以在哈勒姆著名的纸币印刷公司约翰·恩斯赫德(Johan Enschede)的博物馆中找到。

1940年，他接受了第一项建筑装饰任务，为莱顿(Leiden)[3]市政厅设计三块镶嵌壁画；1941年又增加了一块。后来还有一些设计内墙、外墙、天花板及廊柱图案的订单。有些他亲自去制作——例如，为乌得勒支公墓设计的壁画；但大多数情况下，他只需提供设计图案。

埃舍尔的最后一幅大型壁画完成于1967年。工程师巴斯特(Bast)是当时邮电部门的主管，他曾把埃舍尔1940年制作的巨幅《变形》挂在董事会会议室内，会议无聊时，他就看这幅画。所以他建议将这幅《变形》放大，用在海牙一所大邮局里做壁画。原来的《变形》有4米长，计划放大4倍。由于和邮局墙面的长度不太匹配，埃舍尔花了半年时间又做了3米。所以最终的《变形》一共有7米长，这是埃舍尔的天鹅之歌。这幅作品被严密精确地放大(到42米长)，安装在邮局的墙壁上，以慰藉那些在柜台前排队等候的人们躁动的心灵。

1968年他接受了一项较轻的工作，也是他一生的最后一份订单——为巴伦一所学校的两根廊柱设计贴砖。

埃舍尔在为公墓制作壁画

124. 埃舍尔设计的邮票

125. 有海星与贝壳的二十面体——一个糖果盒，作为荷兰一家罐头盒厂周年庆典的礼品，见彩图 11

123.《变形》的加长版，凯尔克普莱恩(Kerkplein)邮局大厅，海牙，1968，见彩图 14

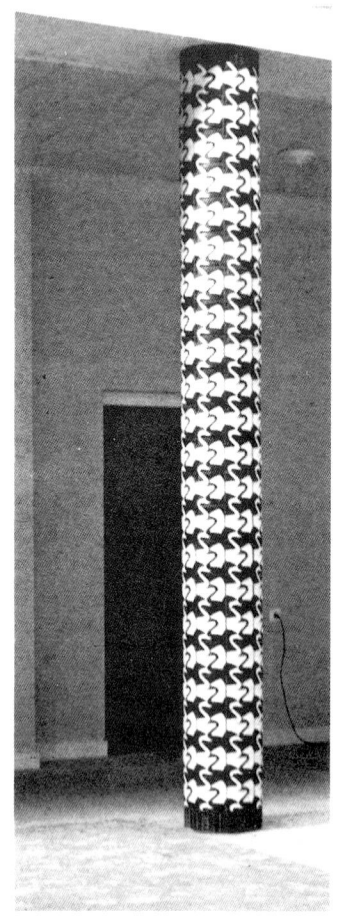

瓷砖柱局部

126. 釉面瓷砖柱,新女子学校,海牙,1959

127. 莱顿市政厅的两块细木镶嵌装饰板（intarsia）,见彩图 12、13

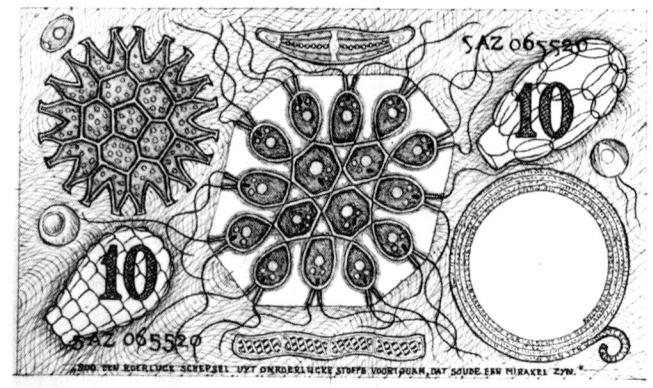
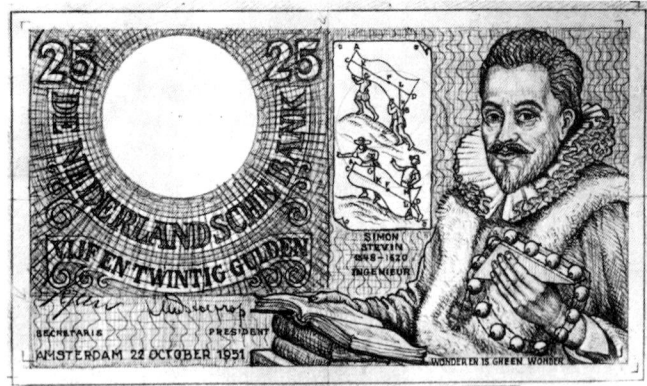
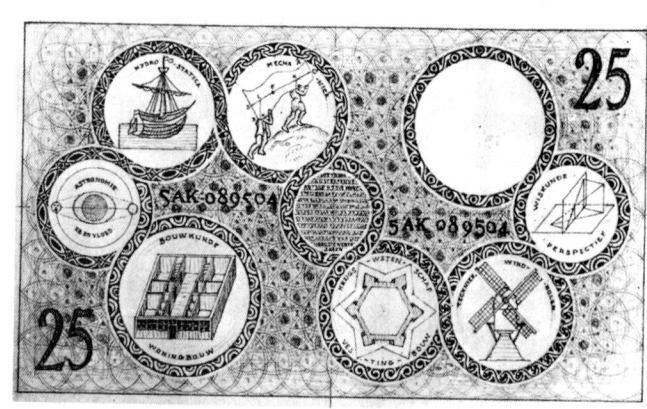

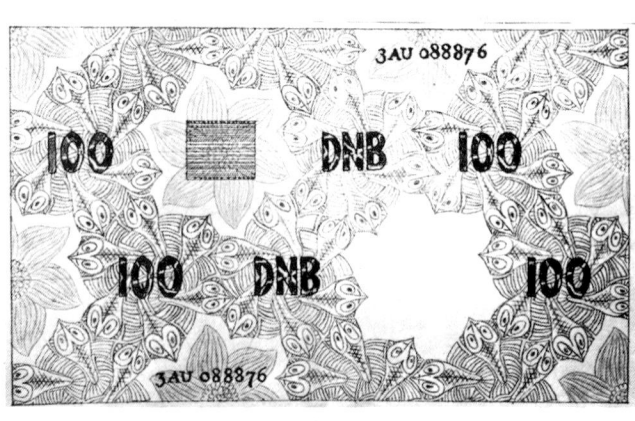
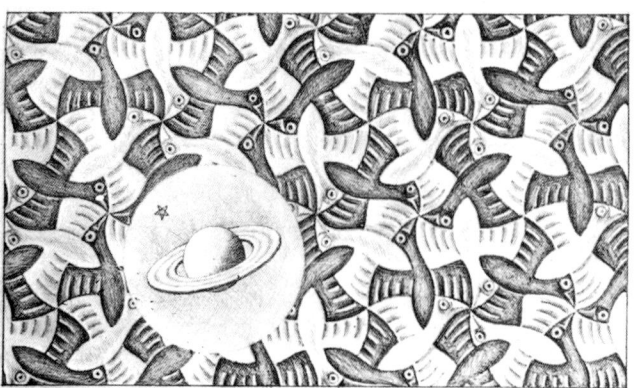

128. 从未发行过的纸币设计图

10 荷兰盾纸币的设计图案。上有微生物的发现人、荷兰的安东尼·范·列文虎克（Anthoni van Leeuwenhoek，1632~1723）的肖像。埃舍尔极尽其能，在纸币的正反两面尽可能多地刻画列文虎克的科学发明与贡献。这张纸币的设计虽很传统，但还令人满意。

25 荷兰盾的设计图案。主题是荷兰工程师西蒙·斯特文（Simon Stevin，1548~1620），他的著作对自然科学的普及有很大贡献。纸币上唯一可以找到的埃舍尔的痕迹，是纸币背面连续 9 个圆形丝带状装饰物。

100 荷兰盾的设计图案：正面、反面与水印。主题是荷兰科学家克里斯蒂安·惠更斯（Christiaan Huygens，1629~1695）。在纸币正面的左下角，我们可以看到一块双折射晶体，这是惠更斯悉心研究过的物体；纸币上的表现手法也是典型的埃舍尔式。反面是以鱼为基本图案的周期性平面分割，水印里是异常迷人的以鸟为基本图案的平面分割。

87

第二部分
不存在的世界

10 创造不可能的世界

"告诉我们,大师,什么是艺术?"

"你想要哲学家的答案吗?还是想知道那些用我的画来装饰房间的阔人的意见?要不然,你想听听庸庸广众怎样颂扬或者贬低我的诗句吗?"

"不,大师——我们要你自己的答案。"

过了一会儿,阿波罗尼奥斯(Apollonius)大声说道,"如果我看到、听到、感觉到另一个人的所作所为,如果我能够根据他所留下的痕迹感受到这个人,他的见识、他的欲望、他的要求、他的奋斗——这对于我,便是艺术。"

加尔(I. Gall),《艺术理论》(Theories of Art)

再现的艺术(representational art)[①]有一个重要的功能,就是捕捉转瞬即逝的现实,以延长它的存在。人们普遍认为,请人画像就是为了使自己"不朽"。在摄影术使得一切都可以在瞬间成为永恒之前,艺术家的工作总是力图尽善尽美。不仅在绘画艺术中,甚至在整个艺术表现史上,我们总能看到理想化的现实。画面必须比它所要再现的实际物体更加漂亮。因此,艺术家也必须能够修正任何有损于现实的缺陷和疵点。

长期以来,人们关注的并不是艺术家在作品中呈现出来的个人视界(personal vision)[②],而只是美丽的景色或是理想化的形象。当然,艺术家从未放弃过这个视界,那也是不可能放弃的。但是,传统艺术家并没有从视界自身的角度表现视界,委托他作画的主顾以及公众也没有从表达自我的角度评价过他们。而对于现代艺术家,人们则要求他们的艺术作品必须以自我的表现为头等大事。今天,现实虽然还被看做是自我表现的一种手段,但更被认为是遮盖艺术作品的一层面纱。于是我们看到,一种非具象的艺术应运而生,其中形式与色彩成为艺术家自我表现的有力手段。而恰恰就在这个时候,又出现了对现实的更进一步的否

129. 马格里特,《血的声音》(*La Voix du Sang*),1961(Museum des XX Jahrhunderts,Vienna,© Copyright ADAGP,Paris),见彩图 15

定——这就是超现实主义(surrealism)。在这里,形状与色彩根本不是来自对现实的抽象。虽然它们与具体的事物还有所关联:树还是树——只不过叶子不是绿色的,而是紫色的,或者叶子的形状是一只鸟。再或者树虽如故,看起来的确是一棵栩栩如生的树,但是树与其环境的正常关系已无影无踪。现实没有被理想化,而是被废弃了,有时甚至以自相矛盾收场。

如果要把埃舍尔的作品,至少一部分作品,放到艺术史的背景中加以讨论,那么,或许最好的办法是把它置于超现实主义的背景之下——但这并不是由于他的作品被某些艺术史家涂上了一层超现实主义的色彩。而是因为,超现实主义确实可以作为参照。为此,我们可以随意选择一些超现实主义作品。我们选择的是马格里特(René Magritte)[3]的几幅作品,这首先是因为埃舍尔对他的作品有很高的评价,其次是因为其作品的题材、意图与效果与埃舍尔有着显而易见的惊人相似,正好可以映衬出埃舍尔作品所具有的完全不同的性质。

在马格里特的作品《血的声音》(*The Voice of Blood*,1961)中,我们看到了一片孤独的平原。一条河从中流过,几棵树站立在平原的边缘;[4]远处是模糊的一片山色;眼前是一面小山坡,山坡上生长着一棵巨大的树(橡树,也许吧),占据了画面的一大半——橡树坚实粗壮,树冠繁茂葱郁。但马格里特在巨大的树干上开了几扇门,亮出一座大厦和一个圆球,仿佛它是个高大、狭长、有着三扇门的橱柜。这当然是不可能的。这样的一个"橱柜树"(cupboard-tree)简直是痴人之梦,它也不可能长出来或者造出来这么多的叶子装饰自己。更糟糕的是每个房间都灯火通明的大厦,它的尺度要比橱柜树上的那个洞大得多。这是座小人国里的房子吗?那个放在中间柜子里的圆球也和这房子一样大吗?第三扇门的后面又藏着什么呢?

我们现在要做的便是把这些门统统关上,于是,我们的面前又耸立了一棵挺拔刚健的大树:一幕能给人留下深刻印象的现实的片段。但这是真的吗?毕竟,现在我们清楚地知道,在那粗壮的树干里面有一座房子,还有一个球。

那么,我们该如何来看待这样一幅画呢?或者我们可以这样问:这样的一幅画对我们做了什么?这是荒诞的,但正是这种荒诞引人入胜。

这是一个不可能的世界。这样的东西不可能真正存在。然而,马格里特把它做出来了,他把树变成了橱柜,还把一幢房子放在树中的架子上。作品的标题《血的声音》更是增加了它的荒诞性。似乎马格里特特意选用了这样一个很难与其视觉内容形成关联的标题。

1926年,马格里特为自己任编辑的一份报纸的创刊号写了一篇非同寻常的文学评论:"Avez-vous toujours la même épaule?"⑤

"你总是拥有同一只肩膀吗?"于是,一只肩膀就成为一个单独的实体,而且引入了这样一种可能性,你可能拥有这只肩膀,也可能没有这只肩膀。这个问句的语法结构完全正确,但却暗含了某种荒诞的可能性:一个人有能力随意地选择他自己的肩膀。句子的含义是超现实的,而整个陈述是用普通的词语按照正常的语法规则建造的。

这是一段马格里特式的视觉荒诞的文字版。我们可以对马格里特的超现实主义进行一番彻底的哲学思考,但即使是他的同时代人与他的朋友们也对其作品有着根本不同的意见。我想在这里研究一下马格里特运用、转化或者说强暴现实的方法,以迎合我们对奇闻轶事的偏爱。在《血的声音》中,现实被两种方法破坏了:巨大的树干被挖出了空洞;尺度不同的物体紧挨在一起。于是树干的厚度就比一座大房子还要大。因此,综上所见,便是一句大胆的断言:"所谓方法无非是这样——疯了。"

无论如何,作品的整体效果如此地接近现实,仿佛马格里特要告诉我们,"事实上,与我们全部存在(whole existence)相关的

130. 马格里特,《欧几里得的漫步》(*Les Promenades d'Euclide*),1953(The Minneapolis Institute of Art,© Copyright ADAGP, Paris),见彩图16

一切事物都是疯狂的、荒诞的——要比我在这幅画中表现的任何事物都要荒诞得多得多。"马格里特并没有藏匿什么,也没有偷偷地做什么。虽然他的画第一眼看上去会告诉我们"这是不可能的"。然而,当我们进一步深入作品,我们的理智便开始动摇,我们将体验到一种因理性的退场而产生的愉悦。在日常生活中,我们被现实的桎梏禁锢得如此之深,一旦把自己交给超现实主义,从现实中偷得短暂的解脱,就能得到极大的快乐。让按部就班循规蹈矩的理智稍事休息,我们就可以轻松愉快地游荡在这个难以言说的世界里。

如果有人想从中发现隐晦堂奥的意义,或是想知道潜藏其中的最深刻的本质,他可能正在寻找画家本人想使之摆脱出来的那个东西。

然而埃舍尔所创造的不可能世界与之完全不同。尽管埃舍尔对《血的声音》作为一幅画表达了他的赞赏(这确实非同寻常,因为他对同时代的画家一向评价不高),但是他不能赞同马格里特表达视觉荒诞的天真态度。在埃舍尔看来,这无异于在大风中呐喊。用抽象的形式和色彩打扮出来的大胆表述,可以让所有人在一瞬间目瞪口呆,那是很容易的。但是,你必须表现出这样一种理念:荒诞,超现实,是建立在现实之上的。

埃舍尔创造了与之完全不同的不可能世界,他并没有让理智缄口不言,相反,正是利用理智,埃舍尔才建立起

131.《静物与街道》,木刻,1937

132. 马格里特,《光的国度 II》(*L'Empire des Lumières II*), 1950 (Museum of Modern Art, New York, © Copyright ADAGP, Paris),见彩图 17

133.《舷窗》,木刻,1937

他的荒诞世界。所以他才能创造两三个世界,并使之整合起来,呈现在同一时刻的同一地点。

　　起初,埃舍尔在摸索多个世界同时共存的表达手法时,所采用的方法与马格里特有着惊人的相似。比较一下马格里特的《欧几里得的漫步》(*Euclidean Walks*,1955)与埃舍尔的《静物与街道》(*Still Life and Street*,1937),我们便可以发现,这两位艺术家的目的并没有非常大的差距。在马格里特的作品中,画里画外的统一主要是通过画架上的油画实现的,而埃舍尔则将窗台表面做成了与街面一致的结构,就实现了这个统一。

　　如果将马格里特的《辩证的赞歌》(*In Praise of Dialectic*,1927)与埃舍尔的《舷窗》(1937)加以比较,我们会发现更多的相似之处。对于马格里特来说,任何逻辑、任何与现实的联系都是偶然的;而对埃舍尔而言,却是要刻意追求的。超现实主义者创造了一些难以琢磨的谜题;也必然将这些谜题留给观众去琢磨。然而,即使真的有什么解决方法,我们也永远不可能找到。我们只能让自己迷失在这些神秘之中,或者接受它们,就如接受我们身边一直存在的那些莫名其妙不可理喻的事物一样。在埃舍尔的作品中,我们也发现了这类谜题,然而同时,我们也会看到解决的方法——虽然有些隐蔽。对埃舍尔而言,最重要的并不是谜题本身。他希望我们欣赏那个谜,但同时也希望我们欣赏解谜的办法。如果看不到这一点,或者,即使认识到这一点,却没有能力欣赏这种高度理性的因素,那将与埃舍尔全部作品的精华失之交臂。

　　埃舍尔经常回到这个主题:让几个不同的世界融合在一起。对于这个主题所引发的一些问题,他能不断地发现更加满意的解决办法。在这条路上走得最远的便是《涟漪》(1950)与《三个世界》(1955),这是两幅技艺精湛、美轮美奂的作品;然而,甚至它们也透露了埃舍尔理性的意图,因为它们是埃舍尔全部作品的一部分,也浸染了与其他作品相同的特性。

然而,在马格里特的作品中,没有任何痕迹能够表明,不同世界的融合与渗透的可能性对他产生了影响。相反,这种融合在理性上的可能性对他来说恐怕是一种阻碍,因为那会削弱他的冲击力,有害于他的荒诞。如果我们想知道埃舍尔与马格里特的差别到底有多大,或许最好的办法是比较一下马格里特的《光的国度II》(*The Empire of Light II*,1950)与埃舍尔的《昼与夜》(1938)或《日与月》(*Sun and Moon*,1948)。《光的国度》可以看做是马格里特最重要的作品之一,因为马格里特以此获得了比利时的古根海姆绘画奖(Guggenheim Prize for Painting)。马格里特本人这样写道:

134. 马格里特,《辩证的赞歌》(*L'Éloge de la Dialectique*),1937
(Private Collection,London,© Copyright ADAGP,Paris)

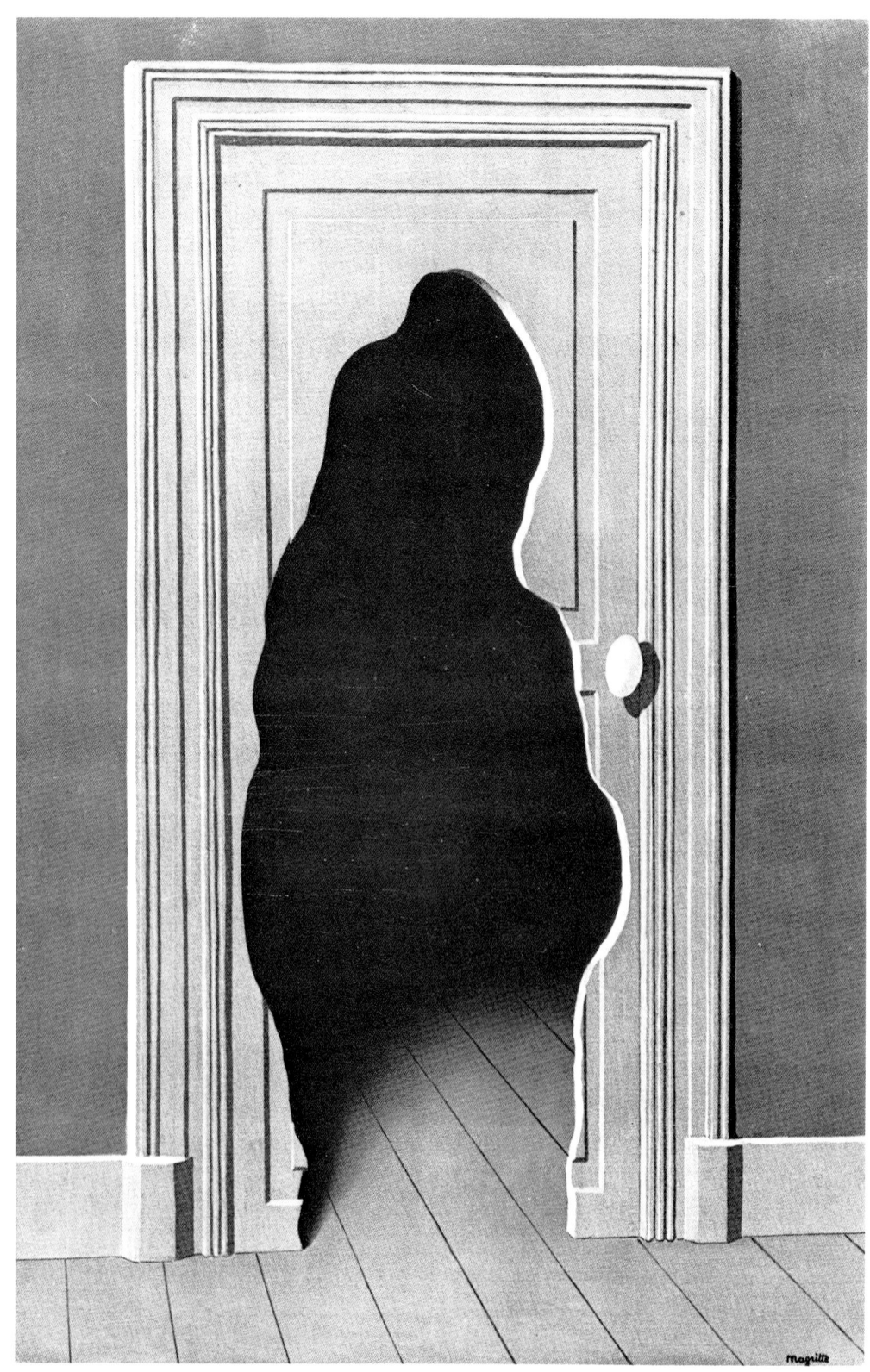

135. 马格里特,《无法预知的答案》(La Reponse Imprevue), 1933 (Museès Royaux des Beaux Arts de Belgique, Brussels, © Copyright ADAGP, Paris)

> 我所画的就是眼睛所能看到的;它就是那个或者那些人们早已了解的东西。油画《光的国度 II》所描绘的事物就是我所知道的,准确地说是夜景,加上白日下的天空。对于我来说,这种夜晚与白日的交织给了我们一种唤起惊奇和愉悦的力量,这种力量,我称之为诗。

把白日与夜晚交织在一起,马格里特追求一种使人惊奇和愉悦的力量——因其不可能而感到惊奇。埃舍尔把《昼与夜》和《日与月》交织在一起,也是为了引起惊奇……但是,准确地说,却是因为其并非不可能。它的确令人惊奇、愉悦,也确实是因为看起来不大可能。而更令人惊奇的是,埃舍尔发现了一条途径,通过这种完美无缺的绘画逻辑,把不可能变成了可能。

如果我们想在文学作品中找到相似的东西,还是可以找到的,就埃舍尔的作品来说,基本上可以在侦探小说中找到。一般而言,如果没有一个多少带点刺激性的结局,小说中设置的悬念就毫无意义。在侦探小说中,悬念可以以一种荒诞的、超现实的形式出现,切斯特顿(G. K. Chesterton)⑥的小说就常常是这样。在《疯狂的法官》(The Mad Judge)中,在监狱院子里玩跳房子游戏的那位法官完全是个荒诞的形象。在《秘密档案》(The Secret Document)中,一位水手跳下了甲板,但没有听到水声,也没有看到水里有任何动静,那人完全消失了。然后又有人从窗户跳了出去,也没有留下任何痕迹。马格里特的作品诸如《无法预知的答案》(The Unexpected Answer)倒是可以给它做插图。切斯特顿的胜利总要等到十几页之后,那时他就会宣布,最初看起来怪异的事情其实是严格地合乎逻辑的,是正常的,而且是整个大的计划中的一部分。但埃舍尔的不可能世界的范围比我们所列举的这些例子要大得多。埃舍尔向我们展示了一个东西怎样可以同时既是凹面又是凸面;他所创造的人物怎样可以在同一时间同一地点既往上走又往下走。他清清楚楚地向我们表明,一个东西可以同时既在里面又在外面;或者说,如果他在同一幅画中采用了不同的尺度,也会有一种绘画表现的逻辑将这种共存解释为世界上最自然的事情。

埃舍尔为我们幻化出一个个海市蜃楼,但他绝不是超现实主义者。他是不可能世界的建造者。他以一种人人可以追随的绝对成立的方法建造了这种不可能;而且在他的作品中,他不仅展示了最后的结果,同时展示了达成结果所遵循的规则。

埃舍尔的不可能世界是他的发现;它们的似真性(plausibility)的成败取决于他所发现的构造方案,而这种方案,往往是埃舍尔自己从数学中推演出来的。可用的方案不可能等在那里任人取用!

最后,我们还要指出埃舍尔的不可能世界所独具魅力的一个方面。一个世纪之前,人类还不可能到其他星球上去,也不可能从那儿传来它们的照片。随着科学和技术的发展,今天不可能实现的事情都将变成现实。但总有些东西是永远不可能实现的,例如方形的圆。埃舍尔的不可能世界便属于这后一范畴。它们永远不可能成为现实,毋庸置疑,它们只能停留在画板上,因其创造者的想象力而存在。

11 精湛的技艺

绘画

"我根本不会画画!"这句话从一位自少年时代一直到70多岁都忙于绘画的人口中说出来,实在是非同寻常。但埃舍尔的意思是,如果他只依赖他的想象力,他没有能力画出任何东西。仿佛眼与手之间的联系才是基本的。他不能以视觉概念为中介,把所要表现的事物描绘出来。在他后期的版画中,一旦他需要用建筑物和风景作背景,他就会从现实生活中截取一个片段,毫不走样地照搬进来。在作品完成后的一段平静时

136.《阶梯宫》中的小卷兽

期,他会拿出画夹,翻阅旅行时的速写,这是他的新想法得以成形所必需的材料库。

如果他需要人类或者动物的形象,他都会从大自然中进行描摹。比如,他用黏土给他的小卷兽制作了各种姿态的模型。《默比乌斯带II》(Moebius Strip II)中的蚂蚁也用橡皮泥做了模型。他在意大利南部游历时,一只螳螂落在他的画板上,马上被他画了下来,后来用在版画《梦》(Dream)中。在制作最后一幅版画《蛇》的时候,他还买了一些关于蛇的摄影画册。在版画《相遇》中,因为需要各种姿势的小人,他就自己在镜子前面作各种造型。"是的,我确实很不会画画,甚至像绳结和默比乌斯带这样抽象的东西也不会,所以我就先做纸模型,然后再尽可能准确地拷贝下来。雕塑家的工作要容易多了。谁还不会捏黏土呢——我也不觉得难。但是绘画对我来说,实在是太艰巨了。我就是做不好。当然,绘画虽然更难,更抽象,但是可以营造出更多的东西!"

石版画与铜版画

埃舍尔在学生时代就已经掌握了好几种绘画技巧。但是蚀刻版画(etching)不能让他满意,因为他似乎更喜欢从黑到白的工艺过程,所以只钟情于麻胶版画和木刻。起初,一切都是黑的,无论在哪里下刀,都会现出白色。他的刮刀画(scraper drawing)就是这样做出来的。先用蜡笔把纸板全部涂黑,然后再用刀和笔,除去的部分就成了白色。

为了使自己的作品能够复制,埃舍尔选择了石版画。他刚开始运用这种材料进行创作时,就好像在石板上做他的刮刀画一样。

137. 蚂蚁,为《默比乌斯带II》做的橡皮泥模型,见彩图18

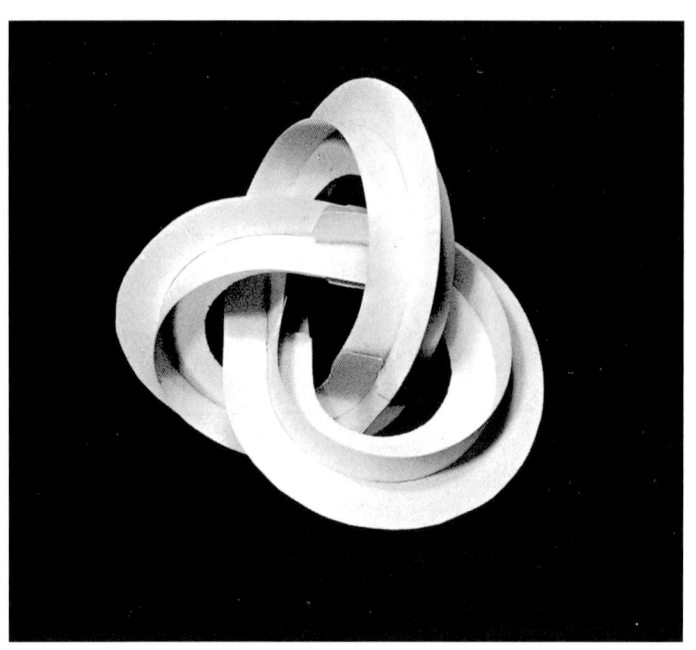

138. 为《结》做的纸板模型

139. 埃舍尔的第一幅石版画:《戈里亚诺西科利,阿布鲁齐》,1929

先把整个平面涂黑,再把白色刮出来。他的早期石版画都是这样做成的。他的第一幅石版画《戈里亚诺西科利》(*Goriano Sicoli*, 1929)表现了阿布鲁齐山区的一个小镇,从这幅画里我们可以看到,他对这种新的工艺是多么不习惯。他把这块石板的大部分表面都用上了,以至于很难给整个画面复制一个好的拷贝。

从1930年开始,埃舍尔就能以正常的方式用石版笔作画了。与木刻相比,这给了他更多的表现自由。现在,他已经可以轻松地从黑过渡到灰,再过渡到白。但是,他从来没有亲自用石版印刷过。在罗马,一家小型商业印刷公司代他印画;在荷兰,也有一些熟练工人为他做这件事。遗憾的是,他刚开始制作石版画时,总是借别人的石板。后来他曾经借用石板的一家印刷公司倒闭了,这些石版也就遗失了,所以现在有一大批画不能重印。

有些人非常喜爱木刻作品,因为它的黑白对比非常鲜明。对于这些人来说,石版画就不那么令人满意了。石版笔能够将黑色在石版上表现得非常清晰,反差的层次也很丰富。但是一经印刷,反差的层次就会减弱,甚至比用铅笔画在上面的效果还要差。

在布鲁塞尔,埃舍尔结识了勒贝尔(Lebeer),一间印刷作坊的主人,他也私下里购买埃舍尔的作品。勒贝尔建议他留意一下铜版画(mezzotints),铜版画有时也被称做黑色艺术。它的工序是这样的:先取一块铜版,然后整个磨糙(这是一种耗时耗力的手工劳动)。这种粗糙的表面能够吸附大量的墨水,印出整张极深的黑色;如果哪些地方需要白色或者某种灰色的调子,就把粗糙的铜版表面用金属工具再磨平一些。这也是一种从黑到白的制作工艺。但是与石版画相比,反差的层次更加丰富。

埃舍尔只作了7幅铜版画,这是由于这种工艺特别费时,并且每块铜版只能印出15幅左右效果不错的拷贝。除非铜版事先经过特殊的硬化或软化处理,才能印得更多。埃舍尔所有的铜版画都是由哈勒姆的钞票印刷公司恩斯赫德印刷的。

埃舍尔从来没有被他采用的工艺所束缚。他把它们当做达成目的的手段,并在必要的时候,进行探索性试验。如果用放大镜仔细观察他的木刻作品中最细腻的地方,就会发现他的眼睛是多么犀利,他的手是多么坚定。

140.《夜中罗马》(马森齐奥殿,*Basilica di Massenzio*),木刻,1934

多版印刷

"我要做一些能够大量复制的东西,这就是我的想法。"埃舍尔还在阿纳姆上中学时,就制作了麻胶版画。他从德梅斯基塔那里接受的极为短暂的训练,后来体现在他的全部作品之中。他几乎将全副精力投身于木刻,最初,他喜欢使用纵剖板(side-grained wood),这意味着木板上的纹理可以印出来,呈现在画面上。在这类作品中,最美的一件无疑是他妻子的大幅肖像《持花的妇女》(1925)。他的精湛技艺在其1934年所作的一系列罗马夜景中一展无遗。其中某些作品的速写与木刻都是在24小时之内完成的!在每一幅作品中,他都规定自己只能沿着预定的几个方向用刀,于是,这个系列的版画就成了各种可能性的样本卡。

的确,他在1950年又制作了一幅麻胶版画《涟漪》(图149),但那只是因为当时他手中没有适合的木料。

后来,当他需要描绘更精致的细节时,就逐渐从德梅斯基塔极力推荐的纵剖板转向了横截板(end-grained wood)。于是产生了他的第一批木口木刻:《拱门楼梯》(*Vaulted Staircase*,1931)和《西西里塞杰斯塔神庙》(*Temple of Segeste, Sicily*;1932)。这些木面木刻和木口木刻都进行了印刷,但是并没有用印刷机,而是采用了一种古老的日本印刷工艺:骨勺(bone spoon)。将印刷油墨用滚筒敷在木版上,在上面铺一张纸。

141.《夜中罗马》(图拉真柱,*Column of Trajanus*),木刻,1934

142.《拱门楼梯》,木口木刻,1931

然后，用骨勺在纸上逐次碾过，使纸张与木版充分接触。这种方法很原始，也很复杂，然而对木版的破坏很小，与印刷机相比，可以使木版有更长的寿命；因为印刷机在印刷的时候，要用很大的压力才能得到效果良好的拷贝。

如果一幅画所用的木版不止一块，他就用一种同样原始的方法确保不同的木版都印在正确的位置上。他在每块木版的边缘刻出槽口，在版架的相应位置钉上钉子，并使两者相吻合。由于第二块木版上刻的槽口与第一块刻在相同的位置上，它的位置就被精确地固定了。

现代艺术

有一次举行了一个展览会，展示了22位荷兰画家的作品（埃舍尔的一幅作品也挂在其中），他给我送来了他刚收到的一份目录说明的赠送本。在封面上，他潦草地写道，"你要这些恶心的东西干什么呢？太荒唐了！看完就赶紧扔掉吧。"

他对现代艺术的大多数表现手法都不屑一顾，这个态度却可以成为我们了解其本人作品的一把钥匙。他容忍不了任何含混不清的东西。在接受一位记者的访谈时，他们的对话转向了威林克(Carel Willink)①的作品。埃舍尔说："如果威林克画了一个赤裸的女人在大街上，我就会问自己，'他为什么要那样做呢？'如果你问威林克，你根本得不到答案。但是从我这里，你的为什么永远都会有一个答案。"

当对话谈及现代艺术所销售的高价时，埃舍尔怒气冲冲地说："他们都是傻瓜！就像安徒生童话一样——他们买的都是皇帝的新

143.《西西里塞杰斯塔神庙》，木口木刻，1932

装。如果画商嗅到一点利润，就会把作品的价格抬上去，卖一大笔钱。"不过，后来他又补了几句。"我并不想谴责太多。其实我不懂——对我而言，它们的大门紧闭着。"

那时埃舍尔并没有料到，他的作品也会吸引很多收藏家，为他的作品花费大量的金钱。在他死后，一张拷贝就能值几千美元！

他谴责了大多数现代艺术家，认为他们缺乏专业技能，说他们是只知道玩闹的涂鸦匠。对那位阿佩尔(Karel Appel)[2]，他没有丝毫的欣赏。但是对于达利(Dali)[3]，他却说："从他的作品看，他是个很有才能的人。"然而，他也很嫉妒那些充分掌握了绘画技巧的艺术家。在版画艺术家中，他认为勒伊特(Pam Ruiter)及格尔德(Dirk van Gelder)的技法都比他本人要好。当然，单纯的数学意义上的精确并不一定总能吸引他。对于瓦萨雷利(Vasareli)[4]的抽象作品，他认为其中没有灵魂，所以只能算是二流水平。"也许其他画家能够对我的作品有所欣赏，但我肯定对他们的大多数作品都不会有好感。不管怎样，我不想被贴上艺术家的标签。我想要做的只是以可能的最佳手法，以最大的精确度描绘那些界定明晰的事物。"

被现代艺术家高度推崇的创作的自发性(spontaneity)，在埃舍尔身上根本找不到。每幅作品他都需要经过几个星期甚至几个月的思考，而且还要画无数的前期研究稿。他从不觉得自己已经一劳永逸地拿到了"艺术家执照"(artist's license)。每件作品都是他长期探寻的结果，都必然建立在某种内在的规则之上。这种对于内在规则的探寻便是他作品中最显著的特点。画中的背景、房屋、树木及人都是一些不很必要的"龙套"，它们的作用是把人们的注意力引到那些依据画中的规则将要发生的事件上。

尽管他有着无可挑剔的结构感、精雕细琢的形式以及整体的和谐，然而这些只不过是他彻底探寻内在规则的副产品。在他即将完成《画廊》时，我冒出了一句话，说左上角那些弯柱子太丑了，可怕！他看着画，沉思了一会儿，转身对我说，"你要知道，那根柱子只能那样。我经过了非常精密的计算才把它造出来，不会有别的可能！"他的艺术就是由这些发现的规则所构成的。一旦他进入了某件事的轨道，就会敏锐地追随着它的规则，或者，确切地说，是服从。

144. 杨·凡·爱克,《阿诺尔菲尼夫妇》(局部,The National Gallery,London),见彩图 19

12 共存的世界

球面反射

两个不同的世界合二为一,在同一时间出现在同一个地方,这使人有身处魔咒之感。因为这是不可能的。一物之所居,他物之不容。我们需要为这种不可能造一个新词——"同位"(equilocal)①——定义为"同时占据同一个地方"。只有艺术家才能给予我们这种幻象,直接刺激我们的感官,使我们获得这种全新的感官体验。

从1934年开始,埃舍尔就有意识地寻找这种同位感,并在作品中表现出来。他成功地使两个,有时甚至是三个世界天衣无缝地统一在同一幅作品之中,以至于观者会产生这样的感觉,"噢,是的,这一切都是可能的;我完全能够理解共存的两个世界。"

埃舍尔还发现了一个重要的可行之法——利用凸镜的反射。在他第一批重要作品中,我们可以从《哈勒姆圣巴沃教堂》(St. Bavo's, Haarlem,图29)中看到,他已经本能地用上了这种方法。

1934 年,石版画《静物与反射球》(Still Life with Reflecting Sphere)问世了,我们不仅能从中看到书、报

103

145.《静物与反射球》,石版画,1934

146.《手执反射球》,石版画,1935

纸、迷人的波斯人鸟和瓶子,而且,整个房间以及画家本人都作为镜像间接地出现在画面中。

光学几何(optical geometry)的一个简单图示(图148)表明,整个镜中世界只存在于反射球上很小的地方。实际上,从理论上说,除去球体正后方的那一小块区域,整个宇宙都可以在这个球中反射出来。

这种凸镜的反射在好几位艺术家的作品中都能找到,例如著名的阿诺尔菲尼夫妇(Arnolfinis)像[2],男人与他的妻子以及他们所站立的房间,都非常清晰地在镜中反射出来。但是对于埃舍尔来说,凸镜的使用根本不是出于偶然,因为他一直有意识地寻找新的可能性。在几乎长达20年的时间里,用反射来营造共存世界的作品不断地从埃舍尔手中涌现出来。

在他1935年制作的石版画《手执反射球》(Hand with Reflecting Sphere)中,这种共存以极为紧凑的形式呈现出来。这幅作品最好还是归入球面反射这一类。看起来,画家的手不仅支撑着球体,还支撑着镜中围绕画家的一切。真实的手触摸着镜中反射的手,并且在它们相接触的那些点上,有着彼此相同的大小。镜中世界的中心就是画家凝视着球体的眼睛,这并不是偶然,而是事物的本性所致。

在铜版画《露珠》(Dewdrop,1948)中,我们一下子可以看到三个世界:肥厚的叶子、被水珠放大的部分叶子和水珠对面的景象在水珠中的反射像——所有这一切都处于完美的自然环境中,不需要人工的镜子。

秋艳

用平面镜反射来营造多重世界的交织也是可能的。1934年的石版画《镜前静物》应该是埃舍尔对这个思路的最初尝试,在画面中,一条小街(画于阿布鲁齐山区)闯入到卧室的世界之中。

在麻胶版画《涟漪》(1950)中,一切都发生得更加自然。一棵没有叶子的树倒映在水面上,但如果不是两颗雨滴落下来打破了水面的平静,水面还不会这样明显。现在,镜面与镜中画在同一个地方呈现出来。埃舍尔发现,这是一幅非常难作的版画。他非常仔细地观察了自然中的景象,在没有借助速写和照片的情况下,把它们在画面上重新构建出来。圆形的波纹非常精确地表现为椭圆,为了营造出一个现实的水面,波纹还要随着距离的增加逐渐减弱。为此,埃舍尔画了很多研究稿,这里是其中一幅(图151)。

在《涟漪》中,光秃秃的树枝和苍白的日轮,两个世界水乳交融,给人一种初冬或晚秋的印

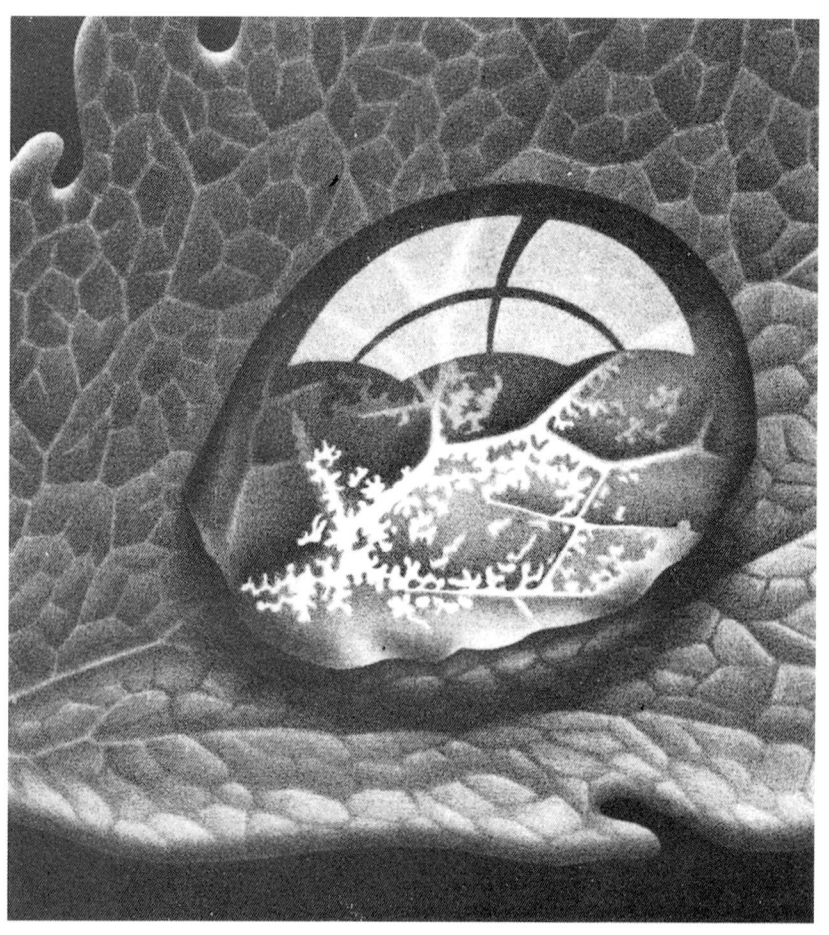

147.《露珠》(局部),铜版画,1948

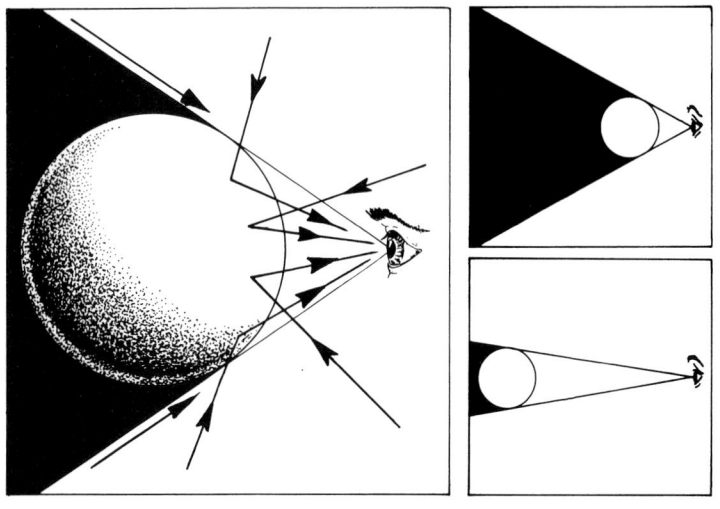

148. 观察者可以从凸镜的反射中看到除了球体遮盖部分之外的整个宇宙。眼睛距离凸镜越远,未被遮盖的部分越大。

105

149.《涟漪》,麻胶版画,1950

象。而版画《三个世界》则是典型的秋日景色。"当时我正走在巴伦林丛中的一座小桥上,这个景色突然闯进我的眼帘。我只要把它画出来就行了!标题也是直接从景物中浮现出来的。于是我赶回家,立刻把它画了出来。"

　　直接的世界是由漂浮的叶子来表现的,它们标示了水的表面。鱼代表了水下世界,而水上的一切都作为镜像呈现出来。这三个世界自然而然地交织在一起,浑若天成,散发出萧瑟的秋意。但是,只有那些不满足于匆匆一顾的人,才有可能清楚地理解这个标题的真正含意。

150.《镜前静物》,石版画,1934

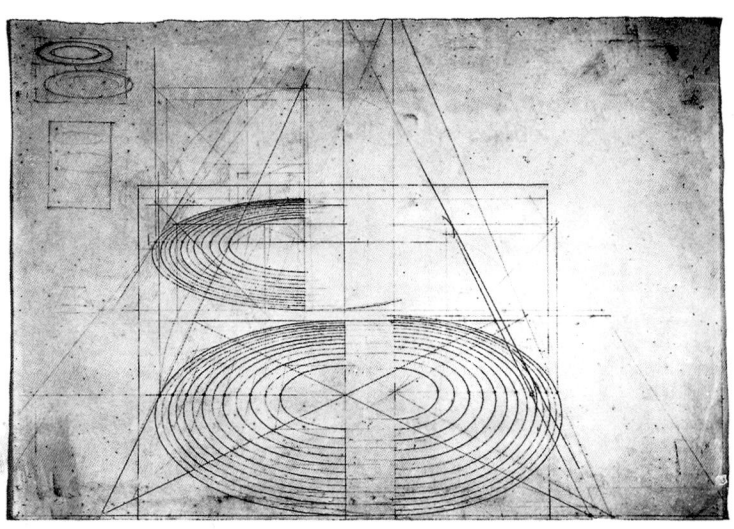

151.《涟漪》的铅笔研究稿

152.《三个世界》,石版画,1955

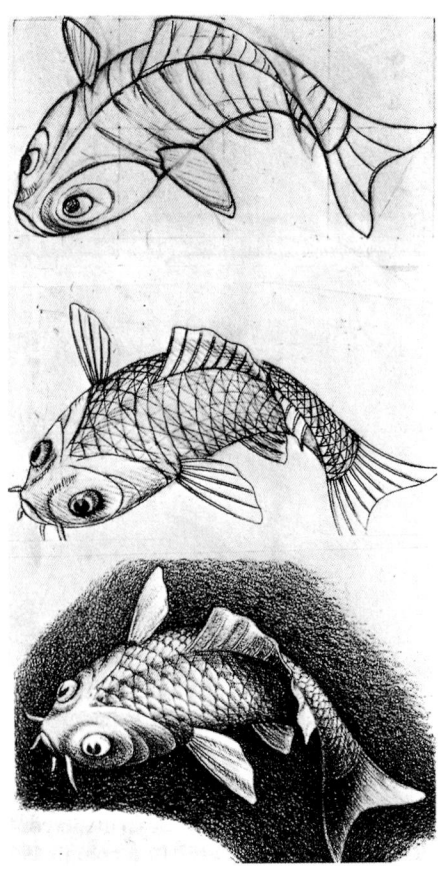

《三个世界》中鱼的研究稿

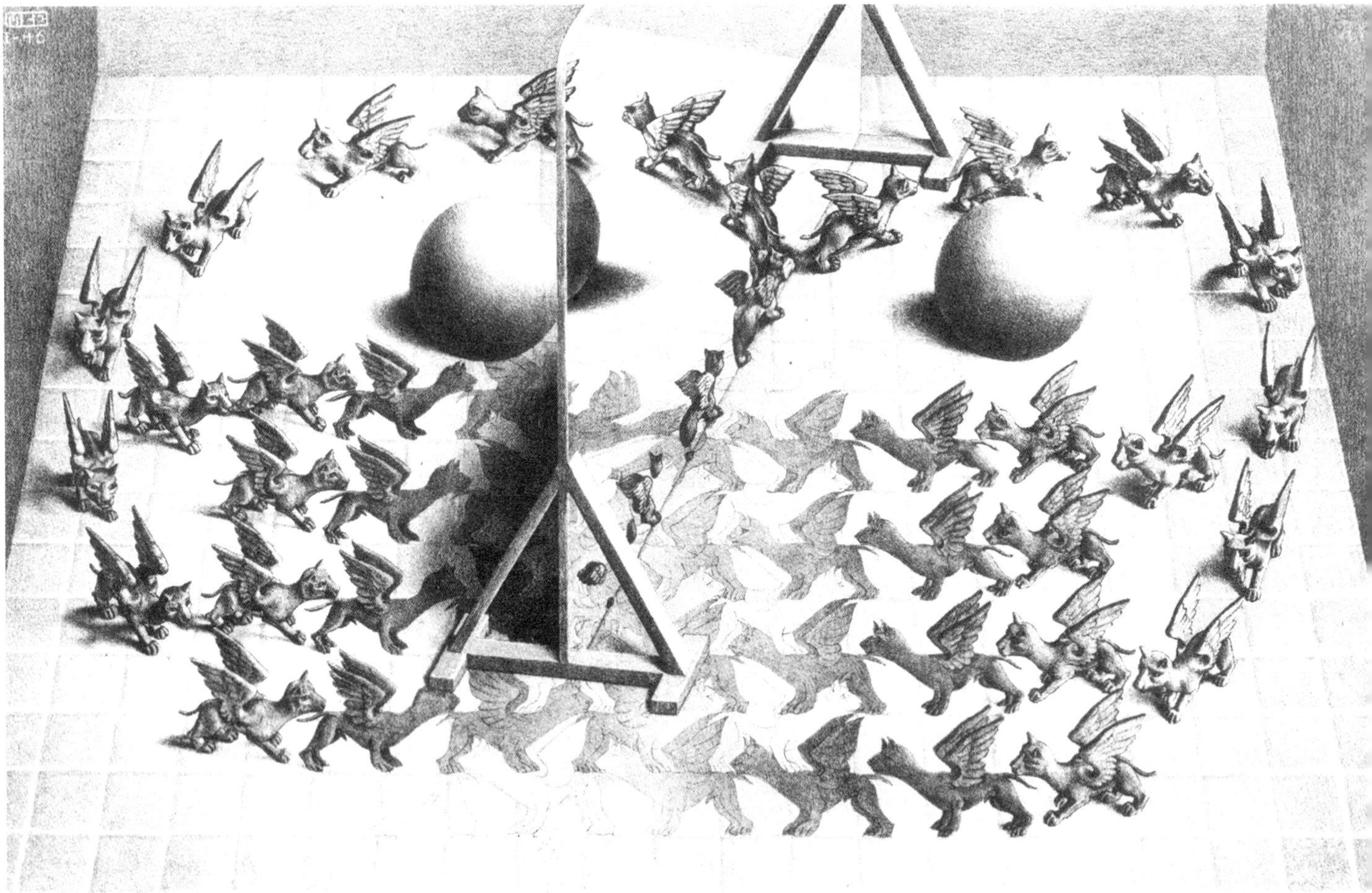

153.《魔镜》,石版画,1946

154.《日与月》,木刻,1948,见彩图 20

镜中诞生

在石版画《魔镜》(1946)中,埃舍尔又向前走了一步。其中不仅有镜像,而且还让镜像获得了生命,在另一个世界继续生存下去。这不禁使人想起《爱丽丝漫游奇境记》(*Alice in Wonderland*) 和 《爱丽丝镜中奇遇记》(*Through the Looking Glass*)③中的魔镜世界,这都是埃舍尔非常喜欢的故事!

在离观者最近的镜子这边,我们可以看到,在斜栏的下面,一只小翅膀与它的镜像一同出现了。沿着镜面向远处看,一只生着翅膀的狗渐显渐现。

这还不算,它的镜像也随之共同成长。当真实的狗远离镜面时,另一边的镜中狗也走开了。当镜中狗走到了镜子的边缘时,这个镜像看起来获得了现实的特性。每一列动物在向前行进时,其数目都在成倍增长,于是这些狗就构成了规则性空间填充,其中白狗演变成黑狗,黑狗也演变成了白狗。

两种现实彼此相叠,融入背景。

两个世界的融合

在木刻《日与月》(1948)中,埃舍尔以平面分割为手段,创造了两个共存的世界。14只白鸟和14只蓝鸟填满了整个空间。如果我们把注意力集中到白鸟身上,我们就会被带入到黑夜之中;14只光明的鸟显现在深蓝色的夜空之上,在这夜空中,我们可以看到月亮和其他天体。

但是如果我们只把注意力集中在蓝鸟身上,就会把

155.《萨沃纳》(*Savona*),黑白水粉(crayon),1936

156.《静物与街道》,木刻,1937

157.《梦》,木口木刻,1935

109

它们当做白日天空下深色的剪影，光芒四射的太阳正位于中央。如果再深入观察，我们还会发现，所有的鸟都是不一样的。这里，我们看到了埃舍尔所创作的为数不多的不规则平面分割(free surface-fillings)［参见《马赛克I》(*Mosaic I*)，1951；和《马赛克II》(*Mosaic II*)，1957］。

窗台变街道

热那亚附近的萨沃纳(Savona)城中有一条小街，就是木刻《静物与街道》(1937)的意象之源。在这幅画中，两个截然不同的清晰可辨的现实世界以一种极为自然但同时又是完全不可能的方式结合在一起。如果把它看成窗户，那些房子就成了书托，位于书托之间的是一些小玩偶。如果把它看成大街，这些书就有丈把高，一只巨大的烟叶罐立在十字路口。但实际上，两者的吻合非常简单。埃舍尔去掉了窗台与大街之间的分界线，并使窗台的纹理与大街融为一体。

就在同一年，还是1937年，埃舍尔制作了木刻《舷窗》。在画面上，我们可以通过舷窗看见一艘船，同时，我们也可以将这个作品看做是一幅画着一艘船的画，这幅画被镶在状如舷窗的画框中。在《梦》(1935)中，我们看到一尊熟睡的主教雕像，周围都是拱门。一只螳螂正坐在雕像的胸口。但是主教的大理石雕像与螳螂所处的世界完全不同。螳螂至少被放大了20倍。

我们发现，埃舍尔的全部作品都贯穿着这样一种努力，他经常以完全不同的手法，将完全不同的世界结合起来，让它们彼此融合，相互交织——简而言之，让它们共存。即使在那些并没有把这种不同世界的交融作为主要目标的作品中，我们仍然能发现这个主题若隐若现，如铜版画《眼睛》(1946)、《双行星》(*Double Planetoid*，1949)、《行星四面体》(1954)、《秩序与混沌》(*Order and Chaos*，1950)和《命运》(1951)等。

埃舍尔未能完成的作品

还有很多作品埃舍尔只是画了草图，却一直没有完成。但是，其中只有一幅让他耿耿于怀，就是我现在要讲的这一幅。大家应该知道关于魔法门精灵的故事。在一道极为普通的风景下——草坪、树丛或者矮丘之中——有一扇装饰华丽的门，一般情况下，这扇门只是个摆设，因为谁也进不去，只能围着它转。然而，门一旦开启，你就会进入到一个可爱的、充满阳光的世界，到处是奇花异草、金色的山峦和流淌着钻石的河流……

很多国家都有这样的精怪故事，也演化出无数的变异。这种魔法门与我们这一章里谈到的诸多版画正相切合。埃舍尔是否想过制作这样的版画呢？1963年，他第一次产生了这样的想法。这个想法源自斯帕伦伯格(Sparenberg)教授的来访，这位教授给他讲解了有关黎曼曲面的一些知识，还给他画了一张草图(图158)。两个星期后，埃舍尔给教授写了一封信，说到了那张草图，还提了一些建议。由于这封信的内容既涉及埃舍尔的创作方法，同时也涉及他的思想过程，我们将信中比较重要的段落摘抄于此：

……这个想法真是太妙了，我只希望……我能够获得必要的安宁，集中精力，将你的想法制成版画。

但首先,请允许我这个数学外行,把我对你这幅草图的理解用文字表达出来……

为了方便起见,我将你的"两个空间"称为 Pr.（代表现在,present）和 Pa.（代表过去,past）。我是在仔细研究了你的草图之后,才有了这样的想法,就是说,Pr.不仅仅可以看成是 Pa.上的沟壑,还可以看做是遮盖一部分 Pa.的圆盘。因而 Pr.既在 Pa.前面,又在 Pa.后面;换句话说,它们在画中完全相同的地方作为独立的空间投射（spatial projection）而分别存在。

然而,在你的表达方式中,有件事情不能让我完全满意——那就是 Pa.所占的空间要比 Pr.大得多,是不是过去就比现在重要呢？由于它们在这里都表现为"瞬间",如果它们所占的空间相等的话,对我来说,从构图的角度看,是更符合逻辑的,也有更多的美感。

为了达到这种均等,随信寄上我的示意图供你参考[图158]。不过,我担

158. 斯帕伦伯格教授作的速写,下：埃舍尔对其观念的阐释

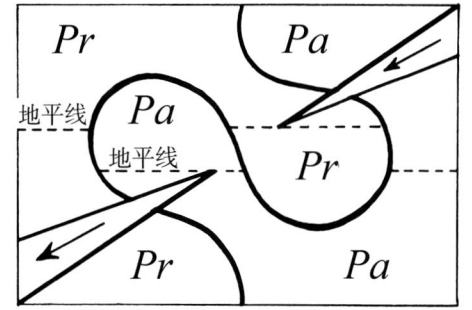
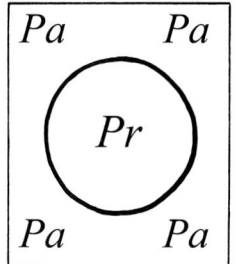

111

心我正在歪曲黎曼,正在玷污数学思想的纯洁。

在我看来,我所设计的空间分配有如下几点略胜于你。在中间,两个鼓凸部分紧挨在一起;左边是 $Pa.$,被 $Pr.$ 围绕着,而右边是 $Pr.$,被 $Pa.$ 所环绕。

当我想到时间的流逝,我知道它是来自过去,经过现在,流向未来。如果不考虑将来(因为将来是未知的,因而无法描绘),那就是一条从 $Pa.$ 流向 $Pr.$ 的时间之河,只有历史学家与考古学家会产生这样的想法,时间之河有时也会逆转方向;不过,恐怕我也会这样想。

对于从 $Pa.$ 流到 $Pr.$ 的逻辑之流,我们可以这样表现,比如一行在远处飞翔的鸟状史前动物,正逐渐消失在地平线上,在它们抵达 $Pr.$ 的前沿之前,一直保持着正确的形状(这时它们还在自己的 $Pa.$ 领地)。但是,在它们跨越边界的一刹那,它们变了,比如说,变成了属于 $Pr.$ 领地的喷气式飞机。

我的草图还有一个好处,就是可以同时表现两种流向。也就是说,从 $Pa.$ 出现的朝向地平线左侧的流向造成了一个鼓凸,在趋向于 $Pr.$ 边缘的方向逐渐增大;而在 $Pa.$ 右侧的时间流则急速逝去,消失在 $Pr.$ 鼓凸的地平线方向。

在你的草图中,电线虽然很有创意,但却不能让我满意,因为在那样一个古老的史前世界里,电线还没有发明。

你可以看到,这个问题是多么吸引我!我给你写这封信,只是希望能够对这个问题有更加清晰的理解,并能激起我的灵感(我又用这个笨拙的词了)。

所有这一切一直盘旋在埃舍尔的脑海里,他不仅要画出那扇魔门,而且要赋予它一种形式,使他所描绘的实在具有一种真实性,顺理成章,无可辩驳。

但非常遗憾的是,他未能完成这个 tour de force[④]。这个未竟的心愿像头痛一样挥之不去。也许,只有埃舍尔才能把这些理念描绘出来,以其在其他作品中表现出来的各种炉火纯青的技法——诸如反射、透视、平面分割、变形和对无穷的逼近。

13 不可能存在的世界

凹还是凸？

从下面这幅画中你看到了什么？是一个外凸的贝壳状天花板装饰物的轮廓吗？如果是，主光应该是从你的右边来的。反之，如果你看到的是地板上凹陷的贝壳形的盆，辅助视觉的光线一定来自左侧。[①] 在你的视网膜上投射的这个影像可以有这样两种解释。你既可以把它看做凹，也可以看做凸。"大脑计算中心"一会儿得出结论说你看到的是凸，一会儿又试图让你相信那是凹。

图161是版画《凸与凹》(1955)中一个细节的放大，其实整幅作品都是由那些容易作出两种相反解释的基本元素构成的。只有其中的建筑部件(filling in)、人与动物的形象以及一些清晰可辨的物体，才具有唯一确定的解释。其结果是，这些物体会时不时地发现自己处于一个完全不可思议的世界里——或者说，我们常常会对它们所处的环境作出错误的解释。

在我们对这幅版画展开讨论之前，最好能熟悉一下，能够在同一幅画中造成两可效果的基本形式都有哪些。看一看这个风向标（图160），

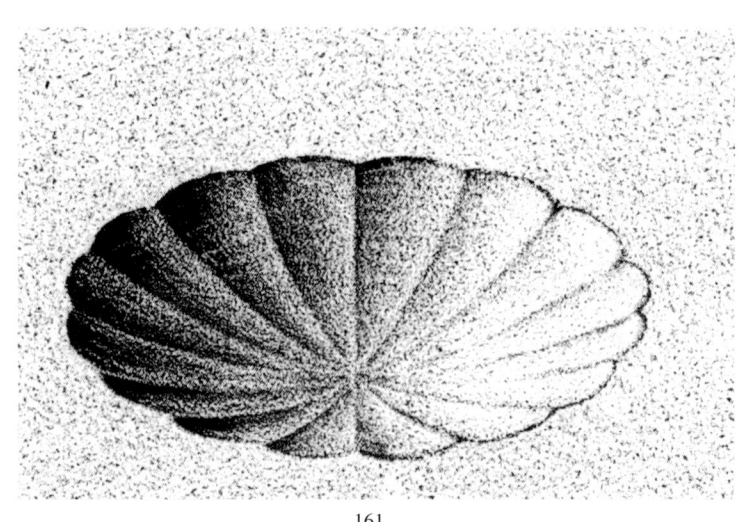
161.

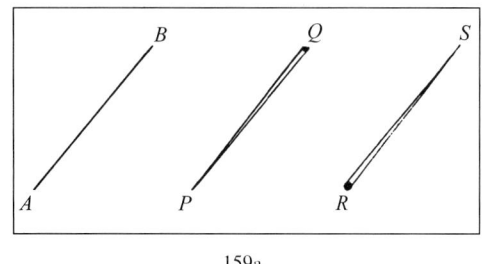

159a.

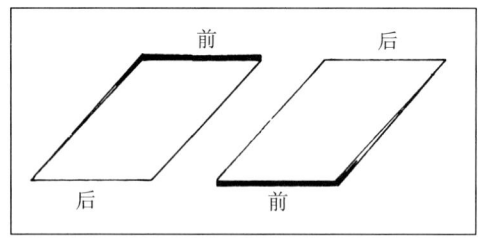

159b.

159c.

160. 风向标效应

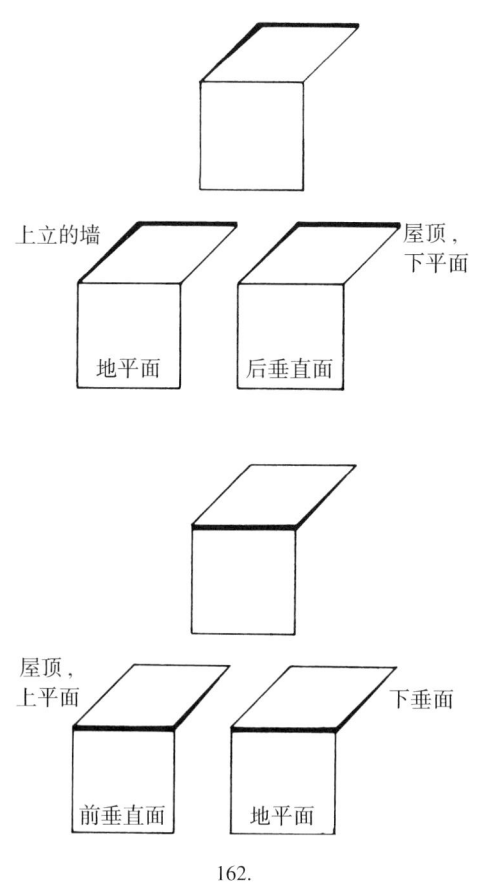

162.

我们很快就能发现,它会在某一时刻突然改变方向。比方说,一开始你可能觉得它的右端或多或少是指向你的;可是,只过了一小会儿,情况就变了。指向你的一端,突然背向你了。在下面这两幅图中,我们把这两种解释同等地强调出来,但是,如果你盯着它们,过一会儿你就会发现,这种逆转还会发生。这里我们看到的是这类现象中的一个极为简化的形式。

让我们继续(图159a)。画一条线 AB,哪一点离你更近——A 还是 B?

现在画两条平行线。如果我们将它们表现为两根很粗的杆,就可以指定 Q 与 R 离我们最近。更有甚者,我们根本看不到两条平行线,而是两条正交的直线。我们还可以用另一种方法将其中一种可能性强加给观众。图159b中所示的 4 根平行线结构把这个方法表现得极为清

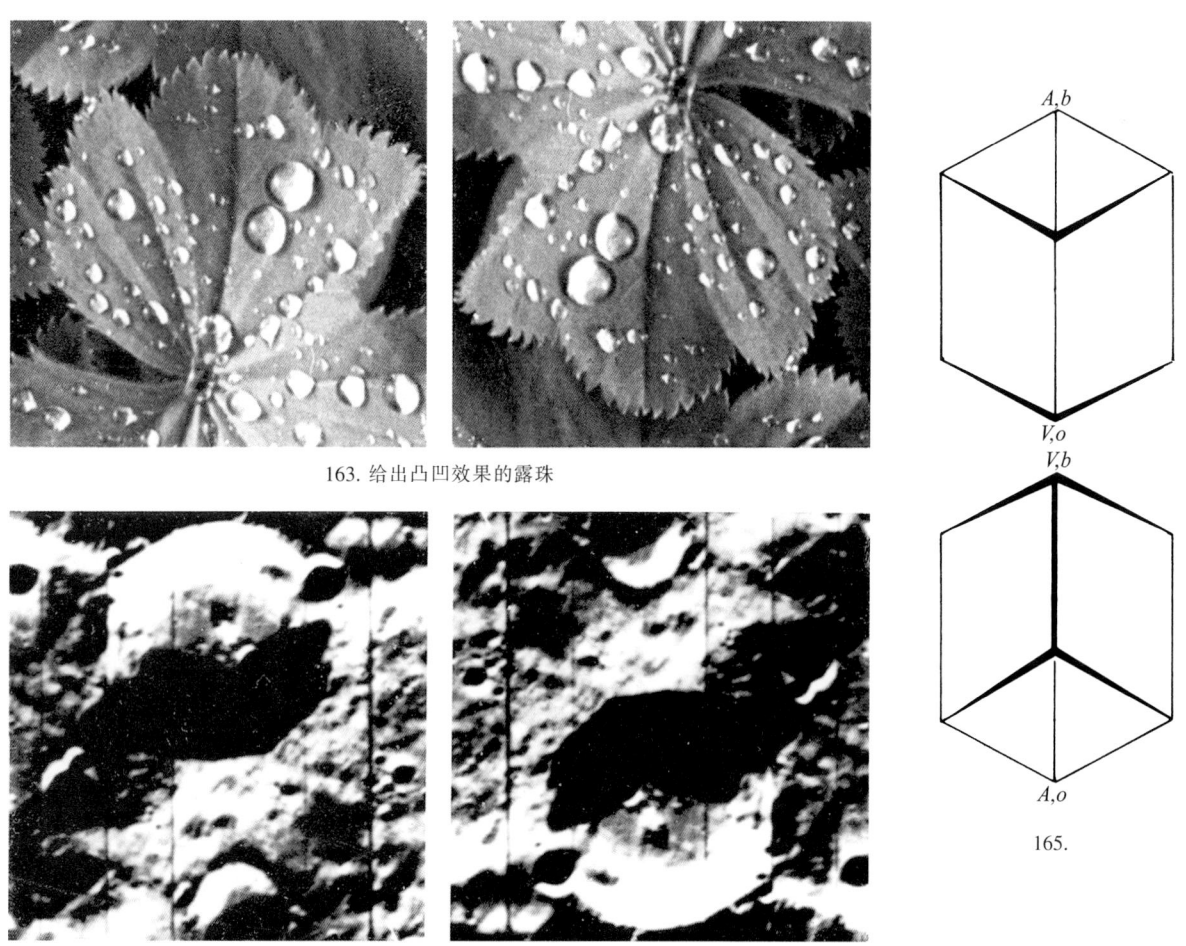

163. 给出凸凹效果的露珠

164. 月面环形山的相同效果

165.

楚,这时它们变成了两组位置完全不同的双极天线。

我们也可以用这种方法处理两个菱形(图159c)。这两个菱形完全相同,但每一个都有不同的解释。我们把第一个菱形看成一块距离很近的木板,我们处于从下向上看的位置,而另一个则是从上往下看。

如果把一个菱形与一个正方形放在一起,可能的解释就更多了。这4幅小图给出了4种不同的解释(图162)。

因此,即使是一条画在白纸上的直线也会有两种截然不同的解释,显然,这种双重性也可以是复杂图形的特征。实际上,每一幅画、每一张照片都可能具有这个特征。但通常我们不会注意到这种现象,因为画面中的丰富细节所代表的事物在这个实实在在的经验世界中,明明确确地只能有一种解释。一旦这个条件不能满足,就会出现这样的情形:一种解释与另一种解释不相上下,如果我们改变一下光线照在纸面上的方向,这一点会更为明显。图163其实是同一张带着露珠的羽衣草(Alchemilla mollis)叶子的照片,不过印了两张,一张是正常的,另一张是颠倒的。毫无疑问,你会发现一张照片上的叶子内凹,另一张的叶子外凸。图164的月景照片也以同样的方式复制了两张,也可以看到类似的凸凹。

在《凸与凹》中,最重要的建筑细节是三个带有交叉拱顶的正方体殿堂结构,我们在图165中画了两个同样的立方体。可能的解释前面已经说过了，与观察者相对的位置由角上的点来表示。我们可以很容易地在画面的最左侧和最右侧找到与这两个立方体相对应的殿堂结构。

石版画《凸与凹》是一个视觉炸弹。显而易见，一眼看去整幅画是个对称结构，左半部分是右半部分的镜像，中间部分的过渡也不突兀，平缓而自然。然而，一过中线就出事了，比坠入无底深渊还要可怕，名副其实地天翻地转了。上变成了下，前变成了后。画面中的人、蜥蜴以及花盆倒是抵制了这种翻转(inversion)[2]，它们仍然与我们这个可见可触的现实世界一般无二。按照我们的正常思维，这些东西也根本不可能有一个翻转态(inside-out form)。但如果它们越过了边界，就要付出代价——它们与周围环境的关系变得如此怪异，只要看一眼就头晕目眩。下面举几个例子。左下角有个人从梯子爬上平台，他看到眼前是一座小殿。他可以走过去站在那个打瞌睡的人身边，叫醒他，问问他为什么中间贝壳状的盆是空的。然后他可以试试，能不能爬到右边的楼梯上去。但是，为时已晚，因为就在这时，从左边看起来像是台阶的东西已经变成了拱门的底部。他突然发现，本来在他脚下的坚实的地面，现在变成了天花板，他正以一种奇怪的姿势吸附在上面，仿佛根本没有什么地球引力似的。

如果左侧那个提着篮子的妇女走下台阶，越过中线的话，也会发生同样的事情。当然，如果她一直留在左侧，就不会有任何麻烦。

看一下垂直中线两边的吹笛人，就会感受到最为震撼的视觉冲击。左上侧的吹笛人看着窗外，下面是一座小殿的交叉拱顶。如果他愿意，他可以爬出来，站在拱顶上面，并从那儿跳到下面的平台上去。但如果我们再看一下右面稍微低一点的那个吹笛人，就会发现，他所看到的是一座倒悬的拱顶；但是他只能打消跳到"平台"上的念头，因为他的下面是个无底深渊。这个"平台"对于他来说是看不见的，因为在他这一半的画面中，平台是向后延伸的。在右上角挂着的那面旗帜上，埃舍尔用一个旗徽简洁地概括了整个画面的内容。如果

166.《凸与凹》的结构

167.《凸与凹》,石版画,1955

我们让视线慢慢地从画面的左半边移到右半边,也可以把右边的拱门看成是台阶——而在这种情况下,旗帜的出现完全是不真实的。不过,更深远的画面之旅我们还是留给读者吧。

图166列出了画面中的所有内容,在这里,画面被分成了三个垂直的条带。左侧的条带显然是一个"凸起的建筑",上面每一点仿佛都在我们的俯视之下。如果这幅版画采用的是普通的透视法,我们一定能在平台下面找到一个天底。然而这些垂直线始终保持着平行,因为这里采用的是所谓的倾斜透视法或者成角透视法(oblique or angular perspective)。我们不妨称之为伪天底(pseudo-nadir)。最右侧部分是仰视的效果;这里所有的建筑都是凹进的,我们的视线最终指向伪天顶(pseudo-zenith)。中间的部分有着自相矛盾的解释。只有那些蜥蜴、花盆和小人拥有一种可接受的解释。

图168给我们展示了绘制这幅作品的基本结构。它当然比旗帜上的标志复杂一些,无论从哪个角度看,它都给埃舍尔提供了更多的可能性。

版画《凸与凹》的前期速写有很多都保存

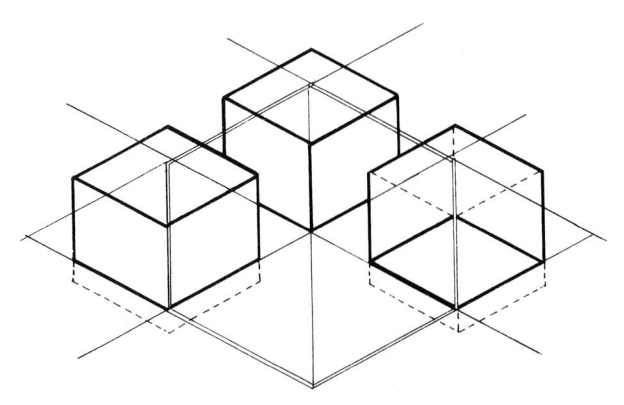

168.《凸与凹》的立方体图解

169.

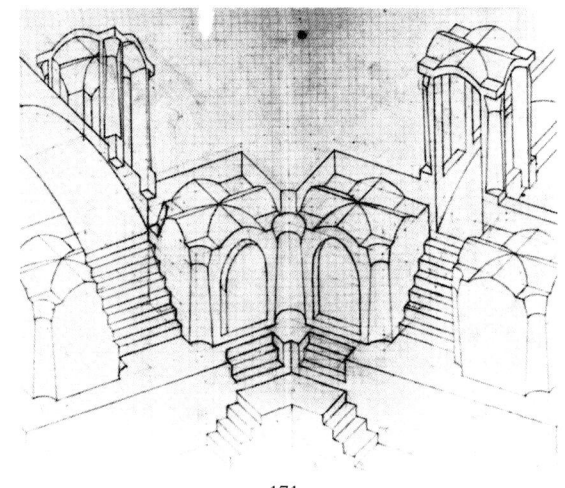

171.

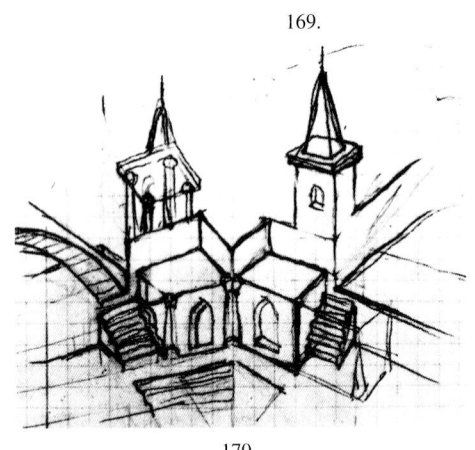

170.

了下来,其中图169、170、171和172都饶有趣味。在《凸与凹》问世一年之后,埃舍尔在给我的信中写道:

> 想想吧,我花了整整一个多月的时间,中间没有片刻的休息,就在想着那幅画,我的试验还没有一个是看起来轻松简单的。一幅好画的前提是——我说的"好"是指这幅画能够在广泛的公众中获得反响,公众并不懂得数学反转,所以必须以简单扼要、明确无误的方式表达出来——不能耍任何花招,也不能与现实脱离适当的显而易见的联系。你几乎想象不到这些"大众"的头脑有多么懒惰。我注定会让他们震惊;但如果我的目标太高,就会无功而返。

172.

169~172.《凸与凹》的研究稿

在这段时期,我还向埃舍尔介绍了幻视现象(phenomenon of pseudoscopy),只要用两个棱镜,就可以把两眼视网膜上的影像调换过来。他非常兴奋,有很长一段时间,他走到哪儿都带着它们,体验各种现实空间中的物体的幻视效果。对此,他作了很多描述,下面是其中一段:

你的棱镜其实是进行同一类反转操作的便

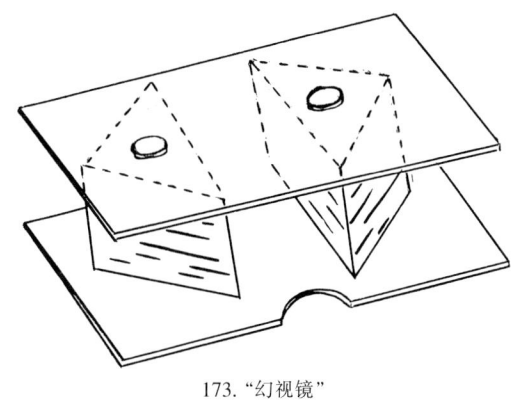

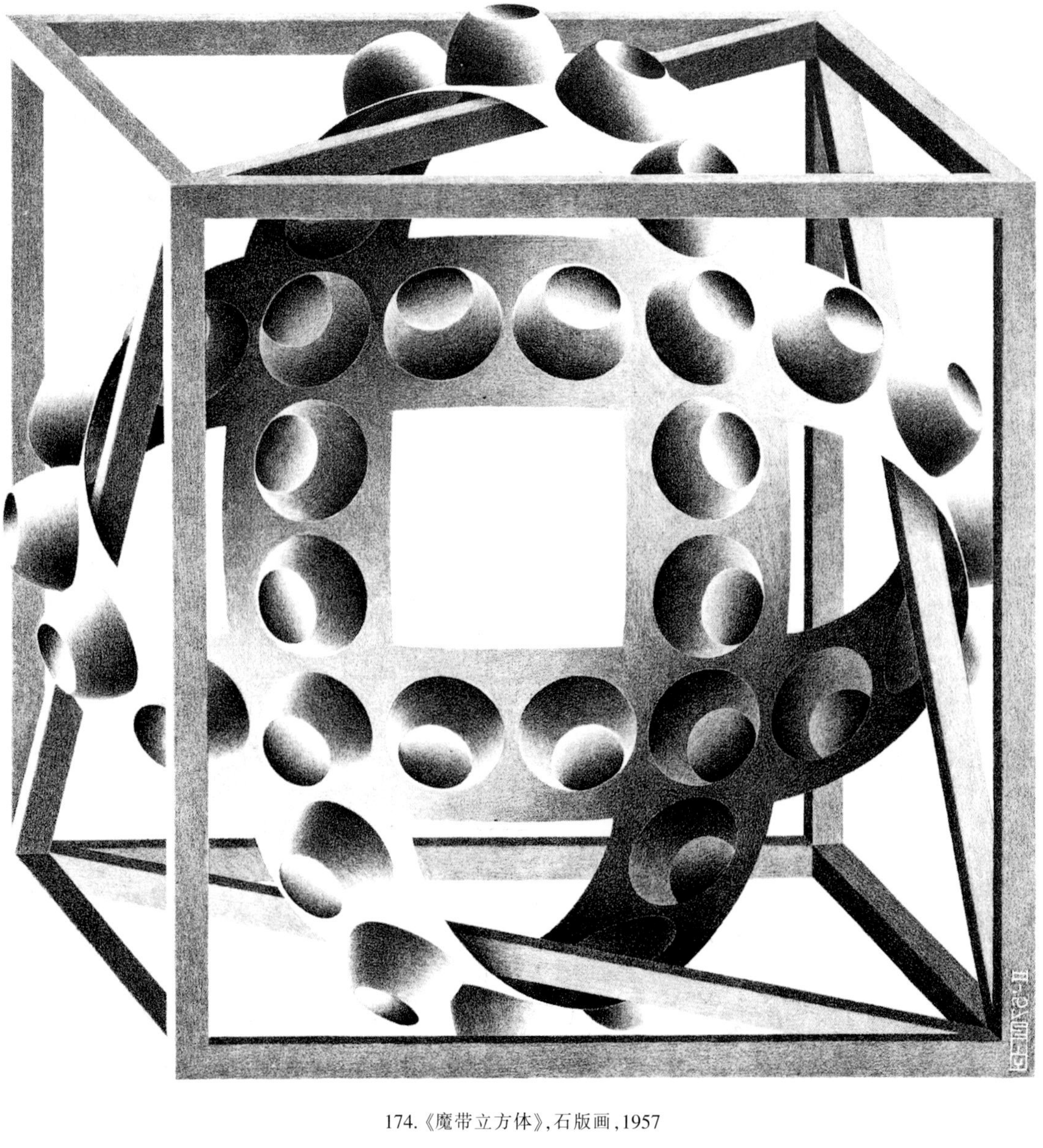

173. "幻视镜"

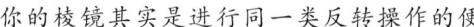

174.《魔带立方体》,石版画,1957

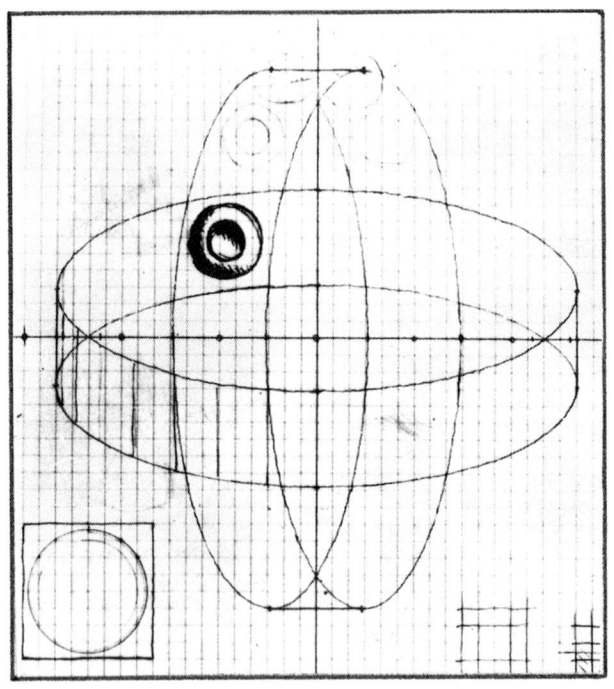

175.

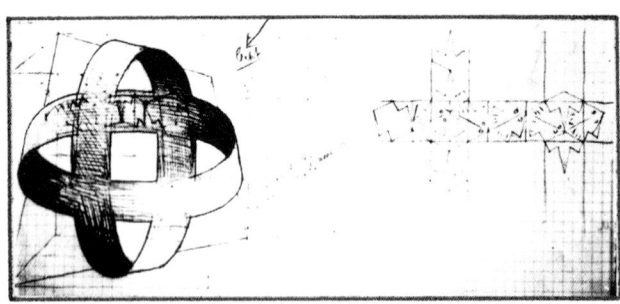

176.

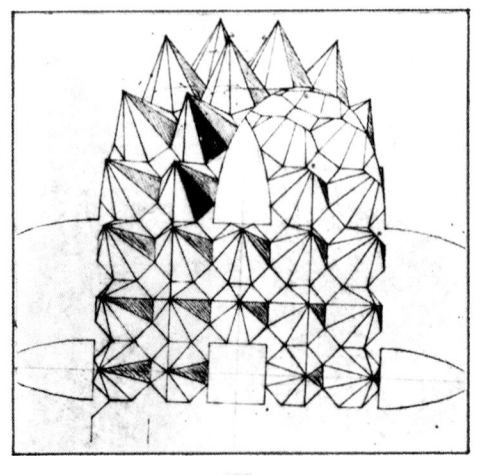

177.

利手段,我的版画《凸与凹》要的就是这种反转。数学教授斯豪腾(Schouten)③曾送给我一个锡做的楼梯,是它激发了《凸与凹》的创作,如果用你的棱镜观察它,它注定会发生反转。我把两个棱镜夹在两块纸板中间,用橡皮筋捆好,就做成了一个实用的小观察盒。我带着这个观察盒去林子里散步,欣赏飘满落叶的池塘,但是突然之间,水面转了过来;出现了一面水镜,水在上面,天空在下面,但没有一滴水往"下"滴。

左右的互换也让人着迷。比如你观察自己的双脚,当你移动右脚的时候,看上去移动的似乎是左脚。

如果你想观察幻视效应,可以用两个直角棱镜(在大多数双筒望远镜中能找到),把它们装在如图173所示的纸板中间。你必须让其中至少一个棱镜能够有轻微的转动。作为幻视观察的第一个物体,最好选一种奇异的花卉——例如重瓣阔叶的秋海棠。把幻视镜放在眼前,闭上右眼。注意,你是用左眼在看着海棠。现在闭上左眼,头和幻视镜都不要动,用右眼通过右边的棱镜观察。如果看不到花,或者花已不在原来的地方,就转动右边的棱镜,直到你能从适当的角度看到海棠。然后,睁开双眼。等到双眼都适应过来,两个部分就会重叠在一起,这时你就会看到反转的图像。事实上,仿佛所有的东西都从后面移到了前面。你可以看见盒子和杯子翻了过来;橘子变成了像纸一样薄的圆洞;月

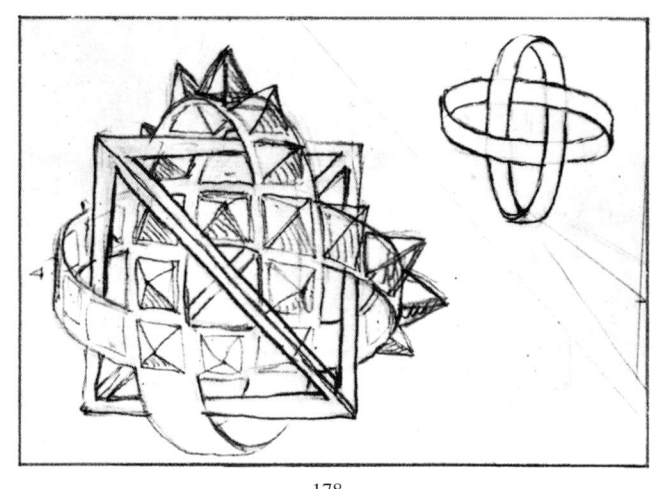
178.

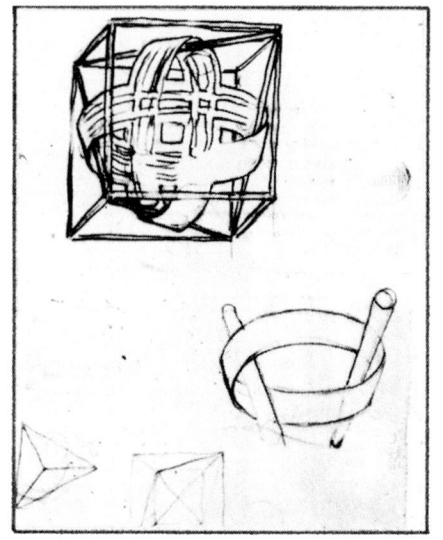
179.

亮移到了你的窗前,挂在园子里的树上;如果你看到杯子里的啤酒正被人加满,你会觉得这幕场景几乎无法理解。整个立体世界对你来说,就变成了一场变化不尽的《凸与凹》的电影。

《魔带立方体》

版画《凸与凹》所表现的主题实在是太吸引人了,但这里无法作更多的讨论。如果《凸与凹》是个长篇故事,那么一年后老调重弹的《魔带立方体》(Cube with Magic Ribbons)就是一曲短歌。在这里,我们再一次面临无尽的变化,可能的解释在前与后、凹或凸之间变幻不

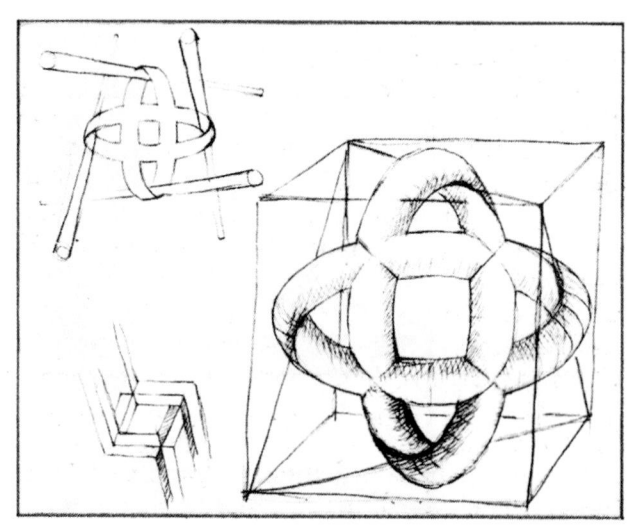
175~180.《魔带立方体》的研究稿

定。这与那种以只允许有一种解释的方式画出来的物体形成了鲜明的对照。这个作品的核心主题是两个交叉成直角的椭圆,其边线由于加宽而变成了条带。4个半椭圆条带中的任何一个,看起来都可能既朝向观众又远离观众,每个交叉点也都有4种不同的可能性。条带上的装饰物可以看做是中有小洞的外凸半球,也可以看做是中有半球的圆形凹陷。其中的反转效应与我们在图164中看到过的月面照片极为相似。

这里给出的埃舍尔的前期研究稿表明,起初他并没有想到采用立方体,条带上的装饰也不是这样的。

鬼屋

在石版画《观景楼》(1958)的试验草案中,这座壮观的建筑一再被称做《鬼屋》(Phantom House)。但是,

121

181.《观景楼》局部

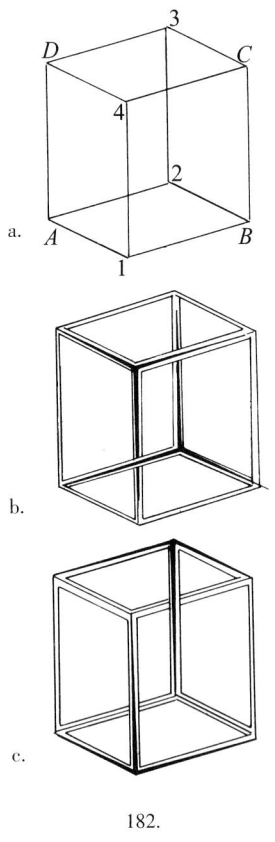

182.

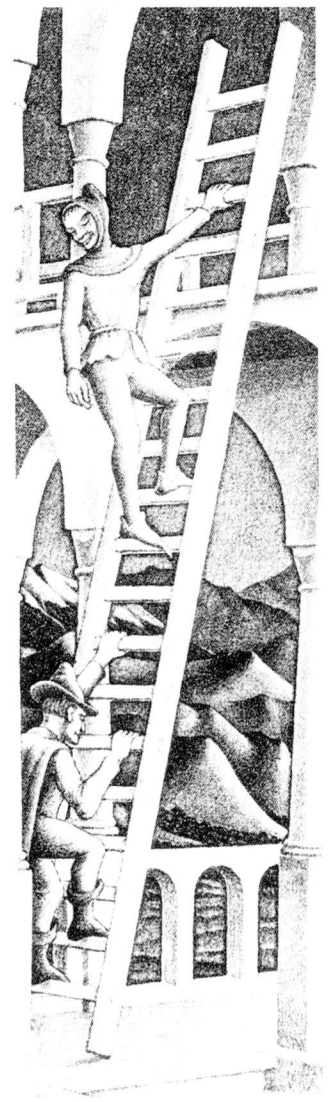

183.《观景楼》局部——梯子，立在楼内，靠在墙外……

由于最后的成稿中一点鬼气都没有，所以标题改了。不过，有鬼也好，没鬼也好，这样的建筑都是不可能的。一方面，任何三维现实的画面再现都被看做是它在平面上的投射。但是另一方面，画面上的图像并不一定对应着现实的三维物体。这一点在《观景楼》中表现得极为清楚，它看上去确实像一座建筑物在平面上的投影，但是《观景楼》所描绘的建筑确实是不可能存在的。我们可以看一看这个作品的基本主题(basic theme)——就是那个沉思的年轻人手里拿着的那个立方体状的东西(图181)。在画面中央，我们可以看到这种结构所导致的一个最为怪异的结果——一架笔直的梯子一端竖在建筑物里面，同时另一端又斜靠在墙外！(图183)

《观景楼》和《凸与凹》之间的关系非常密切，这一点从图182a、b、c的比较中可以看到。图182a代表一个立方体框架。我们已经知道，它可以表示两种不同现实的投射。假设点1与点4靠近我们，点2与点3远离我们，我们会得到其中一种；另一种则是，点2与点3靠近我们，点1与点4远离我们。这种往返于两种可能性之间的游戏正是《凸与凹》的主题。但是，我们也可以认为点2与点4在前面，而点1与点3在后面。当然，这与我们通常的立方体概念完全相悖，因此，我们不会自然地作出这样的解释。然而，如果我们将立方体的边线加粗，就可以迫使观众接受这样的解释。现在让边线A2在边线1—4的前面通过，而C4则通过3—2的前面，就有了图182b，这正是《观景楼》的基本结构。毫无疑问，这种立方体还有另一种可能性，图182c。现在，让我们来研究作品本身。

置身于《观景楼》中,仿佛能听到古典钢琴弹奏的乐声。

我们假设一位文艺复兴时期的君主——不妨说他是维斯孔蒂(Gian Galeazzo Visconti)④吧——建造了这座亭楼,亭楼的背景是阿布鲁齐的山谷。然而,稍加留意就会发现,这是个非常怪异的地方。当然,这种怪异不是因为出场者还有一位怒气冲冲的囚徒,实际上没有人会多看他一眼,而是因为亭子本身。亭子的上层与下层居然互成直角。上层的纵向轴线与阳台栏杆处那位妇女观望的方向是一致的,下层对应的轴线则与瞭望山谷的那位富商的视线平行。

此外,把两层楼台连接起来的8根柱子也很奇怪。只有最右边与最左边的柱子是正常的,正如图182a中的边线AD与BC。其他6根都是把前面连到了后面,所以有些柱子肯定会从中央的空间斜穿而过。那位商人已经把右手扶在了角柱上,如果他还想把左手扶在另一根柱子上的话,他很快就会发现这个问题。

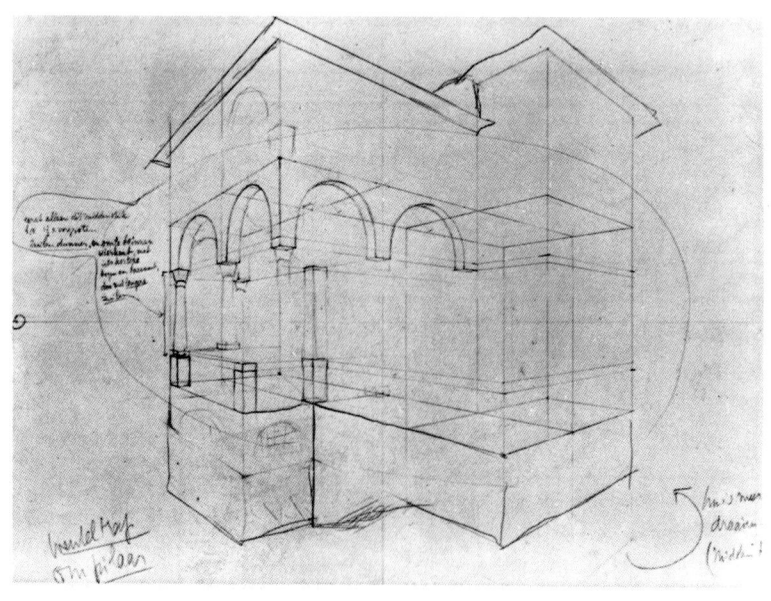

184~185.《观景楼》的研究稿

建造得结结实实的梯子竖得笔直,但是很明显,它的最上端斜靠在观景楼的外边,而梯脚却站在楼内。不论谁爬在梯子上,都弄不清楚自己到底是在亭楼的里边还是在外边。如果从下往上看,他肯定是在里边;但如果是从上往下看,他又只能在外边。

如果我们把画面从中间沿水平线剪开,就会发现两个部分都很正常。但就是这两个部分的结合造成了这种不可能。坐在长凳上的年轻人或许已经从他手里拿着的极度简化的模型中发现了这种不可能性。这个东西像个立方体的框架,但其上端与下端也是以不可能的方式连接起来的。而且实际上,把这样的一个立

123

186.《观景楼》,石版画,1958

方体拿在手里也是不太可能的,因为这样的东西根本不可能在现实空间中存在。如果他仔细研究一下地板上放在眼前的图片,或许能解开这个谜。

在一张前期研究稿的左下角(图185),有一个注解很有意思:"围绕廊柱的螺旋楼梯。"这句明确的表述肯定了一个梯子,我们也肯定很想知道,埃舍尔究竟怎样才能在把亭楼前后连在一起的柱子上画出螺旋形的楼梯来。

有很多人试图按照埃舍尔在《观景楼》中使用的立方体制作一个现实空间中的模型。图187是芝加哥的科克伦(Cochran)博士拍摄的照片,这是一个制作精巧的成功范例。但他的模型由分立的两个部分组成,只有从一定的视角拍摄,才能与埃舍尔的立方体相像。

错误的连接

在英国《心理学杂志》(Journal of Psychology, 1958年2月号,第一部分,第49卷)上,R·彭罗斯发表了不可能的"三杆"(tribar),见图188。彭罗斯把它叫做三维直角结构(three-dimensional rectangular structure)。但它肯定不是任何实际存在的空间结构的投射。这个

187. "疯狂板箱",芝加哥的科克伦博士拍摄的照片

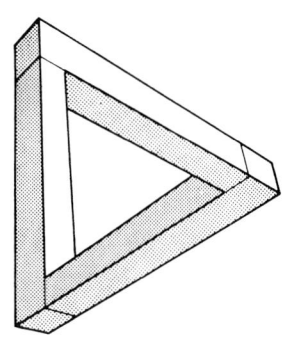

188. 彭罗斯的三杆

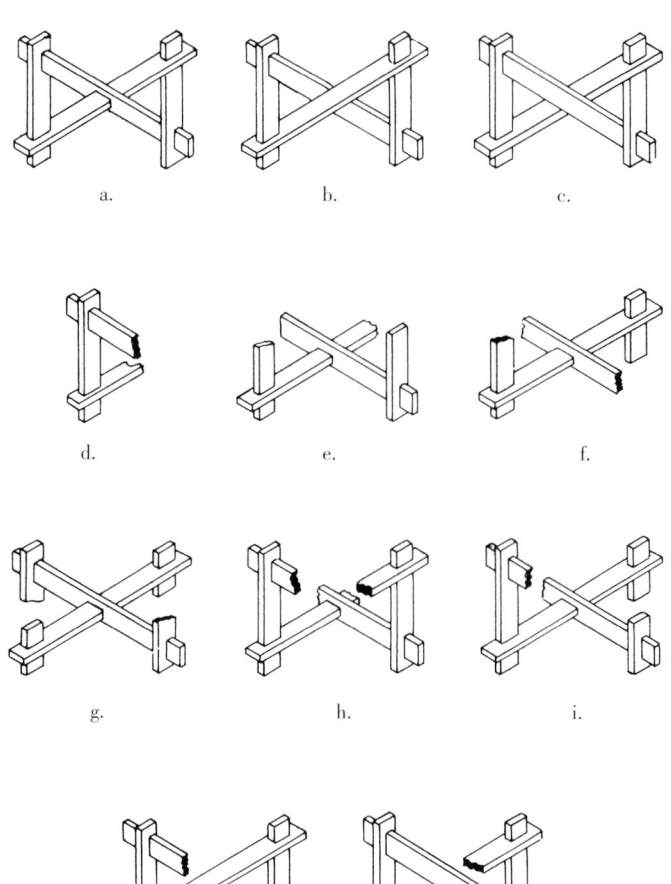

189. 不可能的连接

"不可能三杆"无非是把极为正常的元素通过错误的连接而造成的一幅图画而已。三个直角都很正常,但它们是以错误的、在现实空间中根本不可能的方式连接起来的,所以就形成了这样一个三角形:毫无疑问,三角之和为270度!

现在,已经有无数不可能图形的变体被人发现,它们无一例外地源自错误的连接。图189上面一行是个比较简单但还不太有名的例子。下面一行是它们的断片,这些是能够在现实空间存在的,因为它们之间的错误连接被去掉了。

拍一张不可能三杆的照片(图191)也是完全可行的。和图187中的疯狂板箱一样,这种根本造不出来的东西的照片只有从特定的角度才能拍出来。

就在埃舍尔沉迷于不可能世界的建造时,他偶然看到了彭罗斯图形,而那个三杆引发了石版画《瀑布》(1961)的创作。在这幅画中,他把三个这样的三杆连接起来(图190)。这些草图表明,埃舍尔最初的创作意图是要画三座巨大的建筑群。但他突然想到,瀑布能够以一种最引人入胜的方法来阐释三杆的荒诞性。

125

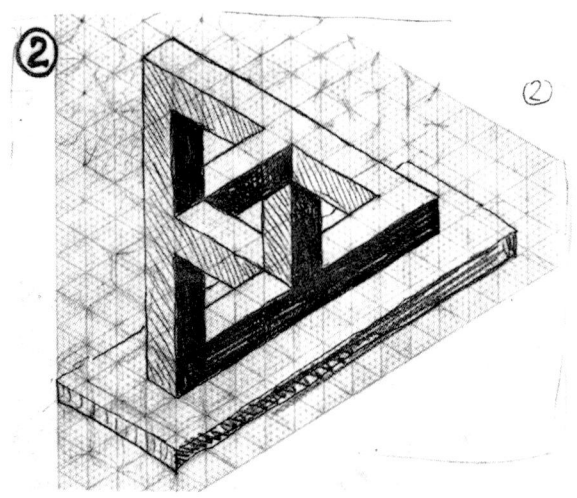

190. 连起来的三杆

191. 不可能三杆的照片

让我们从作品的左上角开始。我们看到瀑布落下，转动水轮。然后，水流顺着砖砌的水渠流走。如果我们跟着水流前行，就会发现，它确确实实是在向下流，并逐渐远离我们。但是突然，最远最低点变成了最近最高点；于是，瀑布再度跌落，转动水轮。简直是永动机！

这个不可能的水路周围的一切，既强化了这种怪异的效果（如小花园里过分放大的苔藓，以及塔顶的多面体），同时又弱化了这种效果（如连在一起的房子，以及背景中的台地）。

《观景楼》与《瀑布》之间的联系是很明显的，因为作为《观景楼》基础的立方结构之所以存在，正是因为这个立方体的各个角被有意识地以错误的方式连接起来。

准无穷 (The Quasi-Infinite)

埃舍尔曾在很多作品中试图表现无限 (limitless) 与无穷 (infinite)。他曾雕过象牙球与木球，用一个或几个人以及动物作为基本图形覆盖整个球

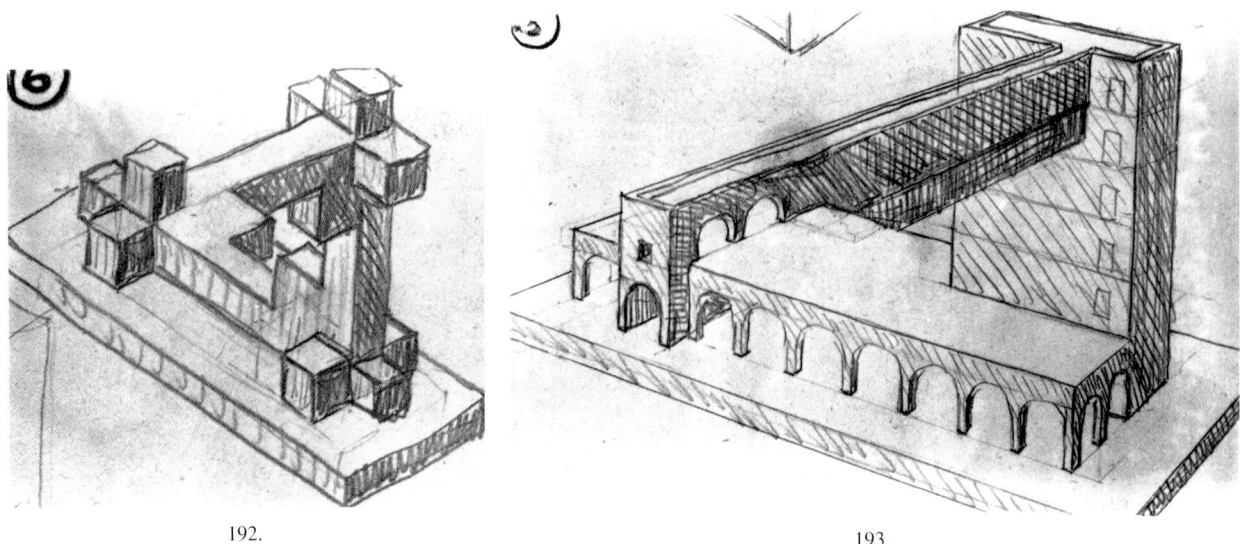

192.　　　　　　　　　　　　　　193.

192~193.《瀑布》的铅笔研究稿，表现为建筑

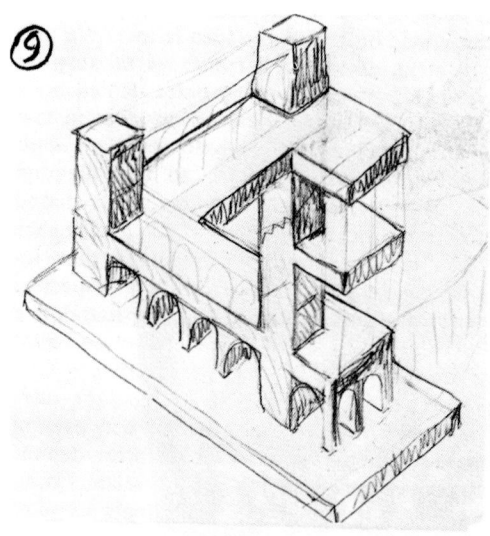

194. 另一个建筑状结构的草图

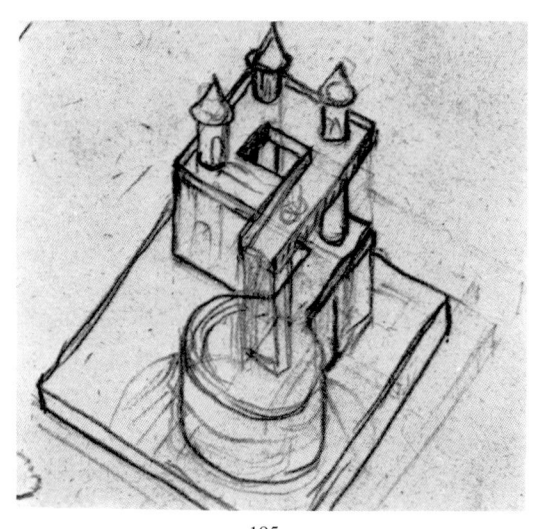

195.

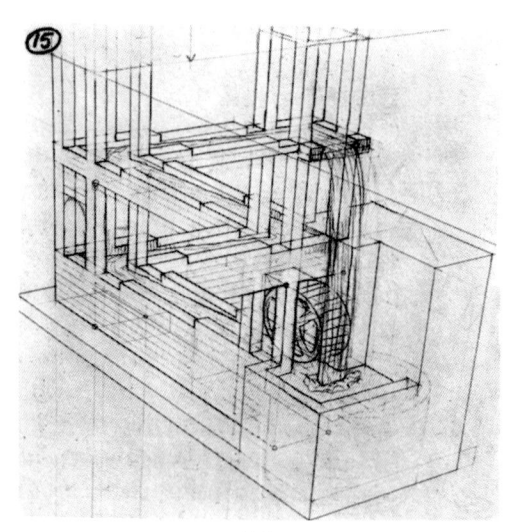

196.

197.

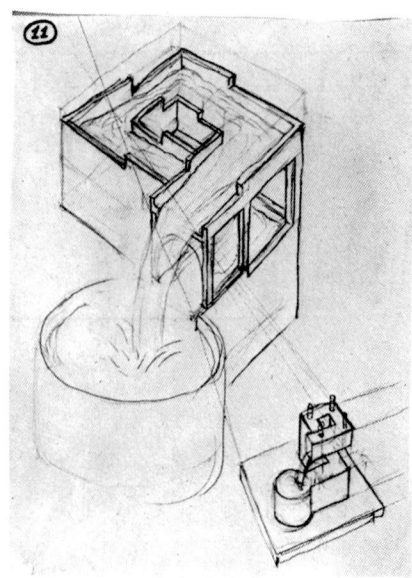

198.

199.

195~199. 表现《瀑布》理念的各种草图

200.《瀑布》,石版画,1961

面,表现了无限与无穷。

在有限的作品中,无论是方的还是圆的,无穷都是通过图形尺度的连续减少表现出来的。

在1960年的石版画《上升与下降》(Ascending and Descending)中,我们遇到了一座楼梯,可以说是向上的,也可以说是向下的,其实高度并没有变化。这幅作品与《瀑布》的联系就在这里。让我们研究一下作品。如果我们亦步亦趋地跟着那些僧侣向上走,毫无疑问,我们会看到,每一步都将僧侣带到更高一级台阶。但在完成一个循环之后,我们发现自己又回到了出发的地方。所以,虽然我们是一步步地向上走,但一寸也没升高。埃舍尔在L·S·彭罗斯(L. S. Penrose)⑤的一篇文章中也发现了这种准无限上升(或下降)的设想。如果我们将这个建筑切割成片,骗局就揭穿了。我们看到了切片1(左上),重新出现在底部(正前方)低得多的位置(图203b)。所以这些切片并不处于同一水平面上,它们呈螺旋状向上(或下)。而真正的水平线

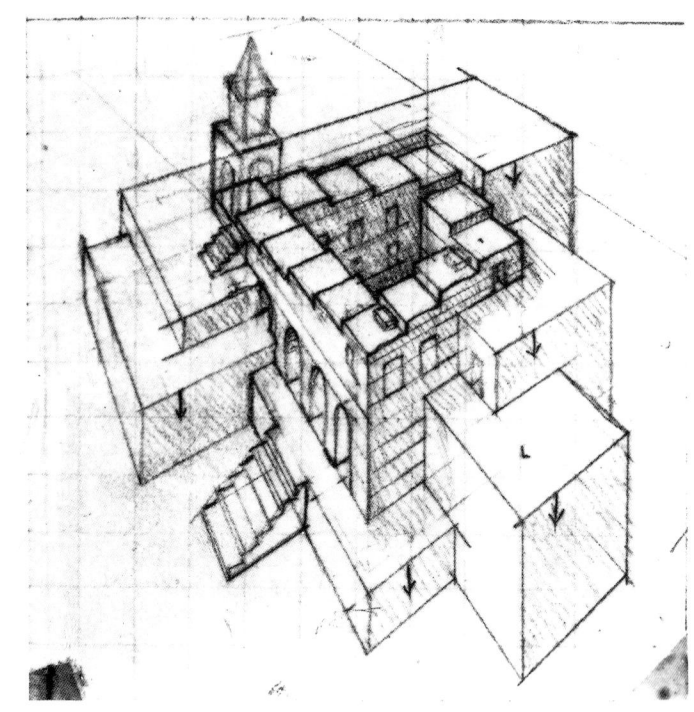

201.《上升与下降》的前期草图

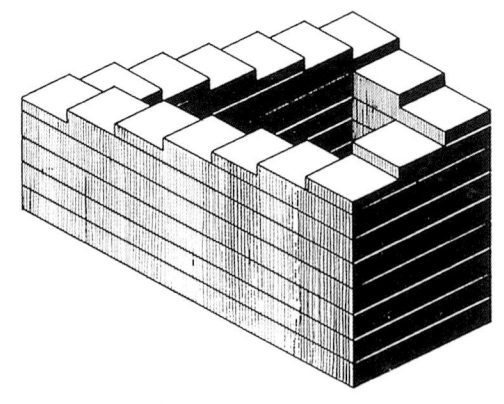

203a. 彭罗斯的原始图案

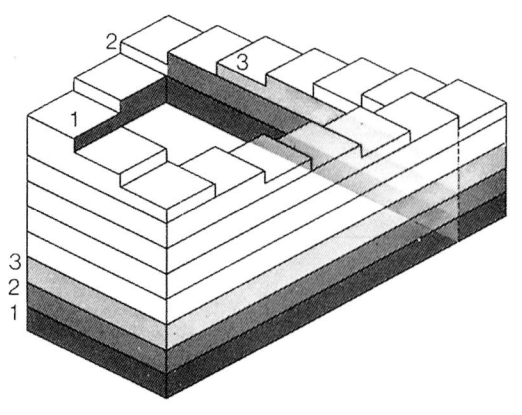

203b. 彭罗斯图的切片

203c. 不可能的彭罗斯台阶的熟石膏模型

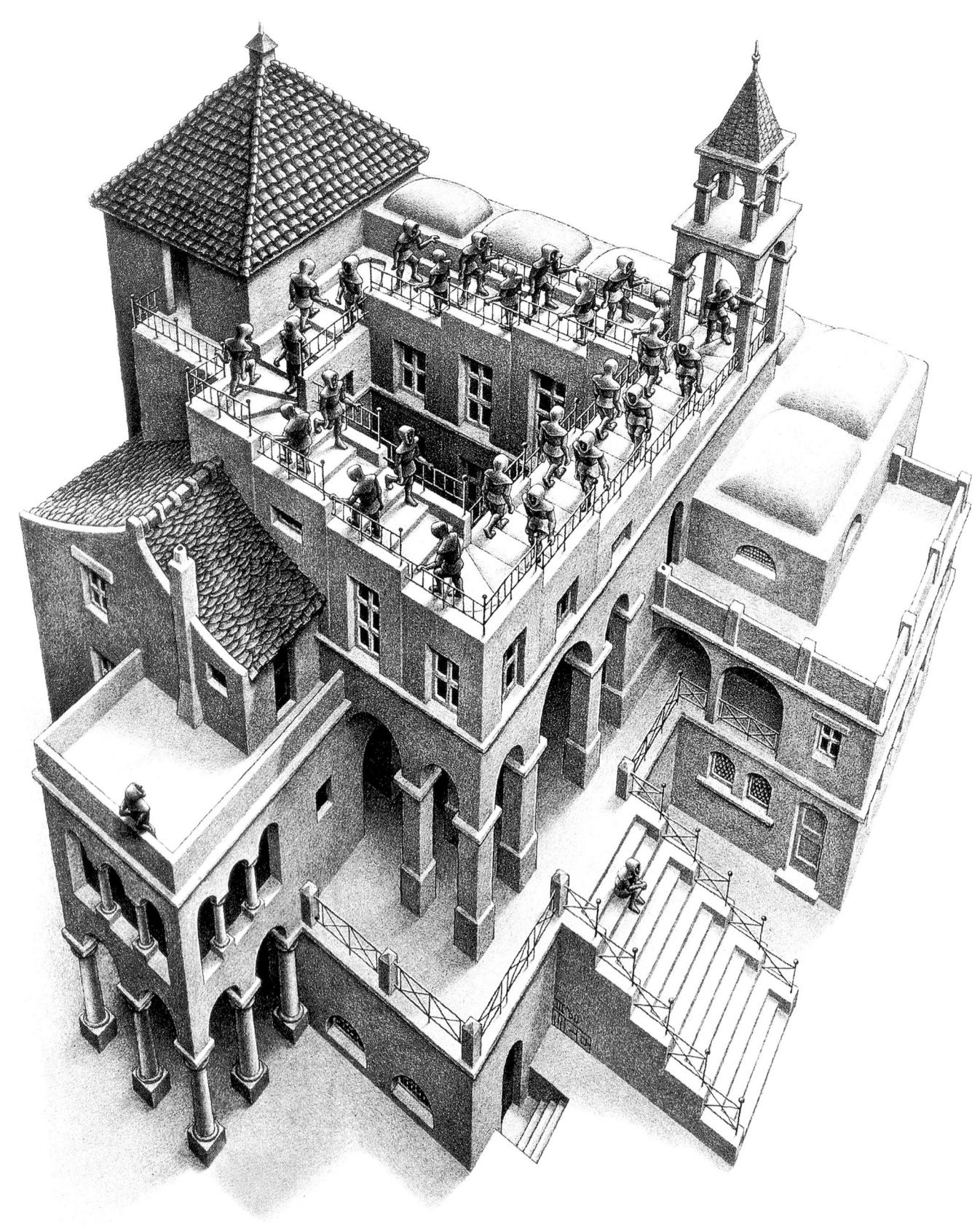

202.《上升与下降》,石版画,1960

其实是一个向上的螺旋线，也就是说，只有楼梯本身保持在同一个水平面上。

要说明如何能在一个水平面上画出连绵不断的楼梯，我们不妨亲自画一个（图204a、b、c、d）。ABCD代表一个水平放置的四边形。然后，我们在每条边的中点画一条垂直线。就很容易画出一个从A到B再到C的楼梯（图204a）。问题在于，怎样从C到D，再回到A。图204b是这样做的，它画了两个向下的阶梯！于是这个想法所具有的全部美感就烟消云散了。走上两级，再走下两级，回到起点，这有什么好奇怪的。但是，如果我们改变一下边角的大小（图204c），这个楼梯就真的能连续向上了。这样的图形才是我们想要的。然而，按照这种图形画出的建筑也有一个不尽如人意之处。虚线标示着边墙在右上角互相倾斜的方向，这一点也没有错，因为它们正符合这种建筑的透视规则（灭点为V_1）。但另外两条虚线在右下角的V_2汇合，就与正确的透视画法相左了。

然而，如果将边BA与边DA加长，如图204d所示，我们便可以将V_2移到左上角。于是，这两条边都多了一个台阶。埃舍尔以其作品告诉我们，这种方法所达到的效果是怎样地逼真。

我们已经知道了这幅作品在哪里捉弄了我们——楼梯本身其实处在完全相同的水平面上；而这座建筑的其他部分，如廊柱的底座、窗框等，它们本应位于同一水平面，实际上却是螺旋上升的。所以，这个建筑的前面看起来绝对像是真的，但如果埃舍尔用另一幅版画将它的后部画出来，我们就会发现，整座建筑早就坍塌了。

由此，我们可以进一步观察这座楼梯（图205）。如果沿着每个大的条带画线，我们就会注意到，这是一个棱柱，侧面宽度比为6:6:3:4。那些在画面里看上去高度差不多的部分成了螺旋（用虚线表示）。图206再次总结了这幅作品。细线标示着水平面（因而与楼梯平行），而粗线的螺旋则标示了这座建筑的准平线（quasi-horizontal lines）。

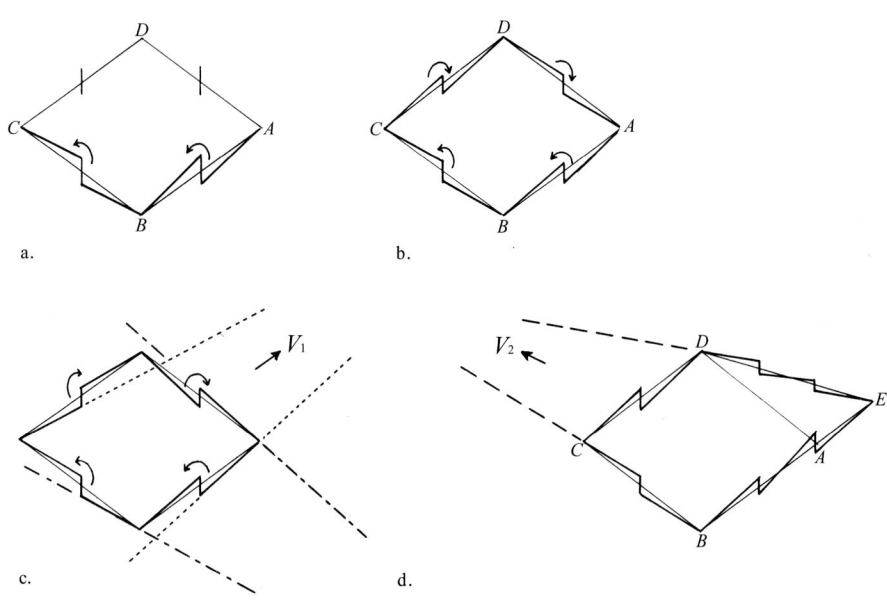

204.

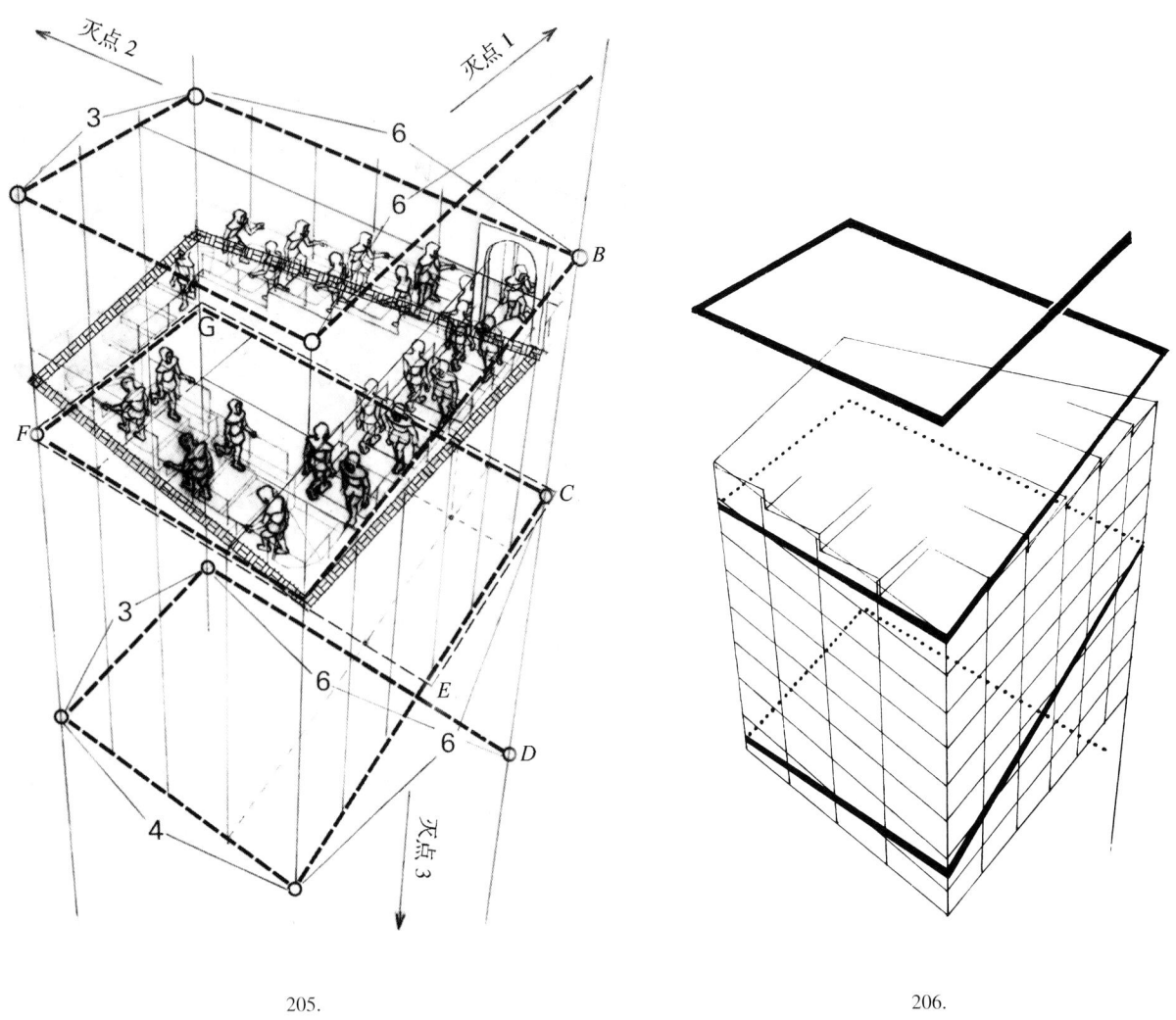

205.

206.

207. "在我们这个星球上出现人类之前的漫长岁月中，所有的晶体都生长在地壳里"

14 大自然与数学的奇妙设计

"在我们这个星球上出现人类之前的漫长岁月中，所有的晶体都生长在地壳里。然而有一天，开天辟地的第一次，人发现了这种闪闪发光的规则物体的碎片；也许是他的石斧撞到了它，它碎了，落在他的脚前；人捡起它，捧在掌心，久久凝视，心中涌起万般惊奇。

"晶体的基本规律中有一种令人窒息的东西。它们绝对不是人类智识的发现；它们就'在'那儿——它们完全独立于我们而存在。人类所能做的，最多是在思维明晰的时候意识到，它们在那儿，然后，去认识它们。"

M·C·埃舍尔，1959

埃舍尔对晶体怀有丰富的感情。他会从他的藏品中拿出很小的一块，放在手掌上端详，仿佛他刚刚把它从地里挖出来，仿佛有生以来他从未见过这样的东西似的。"这块神奇的小晶体已经有几百万年了，在地球上有生物出现之前很久就已经存在了。"

他完全被晶体形态的规则性与必然性迷住了。这种形态对于人来说是神秘的,甚至是深不可测的。对于埃舍尔也是一样,所以,他用各种各样的材料仿造它们,从不同的角度将它们画在纸上。

在平面上,埃舍尔需要付出很多努力才能找到进行周期性分割的方法。而在晶体的三维世界中,已经有很多种组合被晶体实行了。这些组合迫切地渴望得遇高手,借助他的生花妙笔,将自己的特性清晰明了地展现出来。

那时,埃舍尔能够与他的哥哥、地质学家B·G·埃舍尔(B. G. Escher)教授分享对规则多面体[①](在自然界中呈现为晶体)的兴趣。1924年,B·G·埃舍尔教授受聘为莱顿大学讲师,讲授普通地质学、矿物学、晶体学和岩相学(petrography),他很快发现自己有点力不从心,因为没有好的教科书。于是,他写了一本500多页的普通矿物学与晶体学标准教材,于1935年面世。

希腊数学家早就知道,只有5种可能的正多面体,并只能由以下形状构成:(1)等边三角形,见于正四面体、正八面体和正二十面体;(2)正方形,见于正六面体;(3)正五边形,见于正十二面体(图208)。

在木口木刻《群星》(1948,图209)中,我们看到了这些名副其实的柏拉图立体(Platonic solids)[②]。而《行星四面体》(图212)则是个有人居住的四面体。1963年,罐头盒制造公司Verblifa请求埃舍尔为他们设计一个饼干筒,埃舍尔又想到了这些最简单的多面体,这次他采用了二十面体,在上面装饰了海星与贝壳(图125)。

为了时时提醒自己这5种柏拉图立体是如何构成的,埃舍尔用电线与细绳做了个模型(图210)。1970年,当他从自己在巴伦住了15年的家搬到拉伦的罗萨—施皮尔养老院时,他把大部分财物都送了人,把自己制作的几个立体模型捐给了海牙市政博物馆,但是那个完全用电线与细绳制作的极为脆弱的模型,他却随身带走了,挂在了新的工作室里。

所有的柏拉图立体都是外凸的。开普勒与普安索(Poinsot)[③]又发现了4种内凹的正多面体。如果我们将各种(正)多面体划在规则立体(regular solid)的范畴之内,那么还有26种可能的规则立体[阿基米德立体(Archimedean solids)]。最后,我们还可以将各种彼此交叉的立体看做新的规则立体;于是我们就得到了一

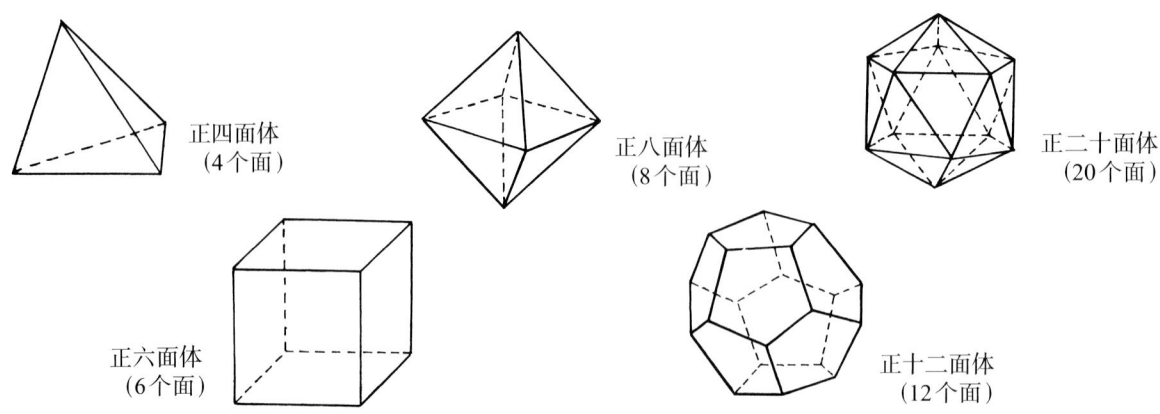

208. 柏拉图立体

209.《群星》,木口木刻,1948

个几乎无穷尽的复合规则立体的系列。因此,对于晶体的可能形态,我们的思想已经远远超出了大自然的设计。在柏拉图立体中,只有四面体、八面体和立方体才是自然的晶体,而这只是所有可能多面体中的很少一部分。如此看来,在这方面,人类的想象力比大自然要丰富多了。

所有这些立体图形都令埃舍尔沉醉其中,乐此不疲。我们在他的作品中经常遇到这些立体,有时是作为主要题材,如《晶体》(1947)、《群星》(1948)、《双行星》(1954)、《秩序与混沌》(1950)、《引力》(Gravity,1952)和《行星四面体》(1954);有时又作为装饰,如在《瀑布》(1961)中,规则立体戴在两座塔的顶上。此外,埃舍尔还用木块和普列克斯玻璃(plexiglass)制作了几个规则立体,它们不是用以拷贝的模本,其本身就是艺术品。

210. 埃舍尔和柏拉图立体模型

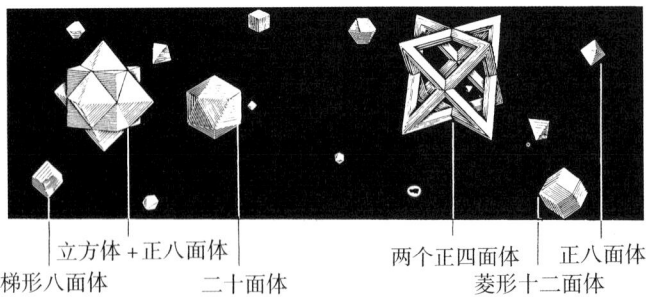

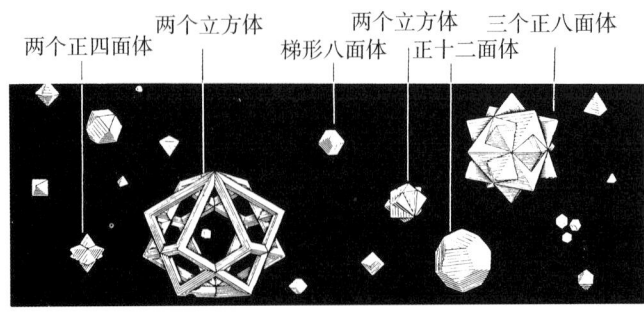

211.

其中，1958年用枫木刻成的《花朵多面体》(Polyhedron with Flowers, 图218)是最优秀的作品之一。它大概有13厘米高，由相互交叉的正四面体构成。在这个精致的徒手雕刻动刀之前，他先雕了一个精确的模型。另外，埃舍尔还设计并亲自雕刻了一个木制的拼板①，拼在一起，就构成一个名为星状正交十二面体(stellated rhombic dodecahedron)的阿基米德立体。这种类型的拼板很早以前就为人所知了，但从未有人做得像埃舍尔这样对称。与这些具有空间结构的规则立体紧密相关的还有各式各样的球体，他用完全相同的浮雕图形覆盖了整个球面。比如，在用山毛榉刻成的直径14厘米的《鱼之球》(Sphere with Fish, 1940)中，12条完全相同的鱼填满了球面。也有的球体他用了两三个不同的图形，比如前面提到过的《天使与魔鬼球》(1942)。

这些球雕也有一些复制品，那是一位日本艺人应埃舍尔的狂热崇拜者、工程师科尼利厄斯·范·S·罗斯福之邀用象牙雕刻的。这位罗斯福是美国总统西奥多·罗斯福(Theodore Roosevelt)的孙子。最近，他将自己收藏的约200件埃舍尔作品捐赠给了华盛顿特区的国家艺术画廊 (National Gallery of Art, Washington, D. C.)。

《群星》(1948)

这个小小的宇宙充满了规则立体。在我们的视野正中是一个特写，我们可以看出这个框架是由3个正八面体组成的。"这个可爱的笼子里住着变色龙一类的生物,如果笼子有些摇晃,我不会感到吃惊。其实,我最初是想在里面放些猴子的。"

《行星四面体》(1954)

这颗小行星的形状是一个规则的有四个面的立体(也就是说,一个正四面体),但我们只能看到它的两面。居住者最大程度地利用了所有的表面,在上面造了很多台地。这颗行星上的大气没有延伸到各个角落,所以居住在角落里的生物要想活下来,必须想出种种办法获得一点大气才行。埃舍尔极其精确地建造了这些台地,为此,他想象手中的木料是一个由同心球壳构成的洋葱头般的球体,他要把这颗行星从这个球中雕刻出来。他切削球体,得到了他的四面体,同时,每一道环都仔细地刻成了直角。

《引力》(1952)

这是一个星状十二面体,是开普勒发现的规则立体之一。这个有趣的立体可以看做是用几种不同的方法构建出来的。它的内部由一个正十二面体构成,每个面都是正五边形。然后,在每一个五边形面上叠加一个规则五面角锥体,就构成了这个立体。

另一种构建方法可能更为有趣:将整个立体看成是由五角星构成的,但每个角锥体上挺出的每一条边都属于另一个五角星。

埃舍尔非常喜欢这个立体图形,因为它既

212.《行星四面体》,木刻,1954

213.《引力》,石版画,1952

137

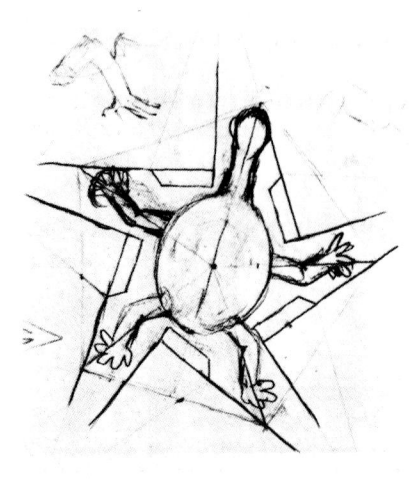

214. 被否定的乌龟

非常简单,又格外复杂。他在很多作品中都用到了这个图形。在此,我们可以把每一个五角星以及角锥体看做一个小小的世界,里面居住着一个长脖子四条腿的怪物。但是尾巴则付诸阙如,因为每个角锥体只有5个窗口。由于这个原因,埃舍尔起初想让乌龟住在他这个立体中(图214)。

每一个怪物的帐篷状房子的墙壁,都是其他5个怪物站立的地面。因此,我们能够指出的每个平面都兼为地面和墙壁。

埃舍尔将这件手绘石版画称为《引力》,因为这些笨重无比的怪物都受到了一种指向星状多面体中心的吸引力的作用。

在这幅版画和他的各种透视类作品之间,肯定有某种关联。因为在透视作品中,正是面、线、点的多重功能起着举足轻重的作用。比如说,我们可以把这幅画要表达的理念与一年后问世的《相对性》进行比较。

新型建筑模块

将不规则形状的模块用于建筑物的墙壁、地板和天花板也是可能的。在大型建筑中,形状相似的建筑模块总是被优先考虑,无论它们是火烧的砖头还是采来的石块。而且这种模块的形状几乎无一例外地是格栅状的——这意味着,它是由直角构成的立体图形。我们已经习惯了这种形状的建筑模块,以至于很难想象出其他的形状。

但是,也有可能用形状完全不同的模块填充整个表面(不留任何空隙)。在版画《扁虫》(Flatworms,1959)中,这个形状怪异的水下建筑完全是由两种不同的模块,即八面体和四面体构成的。

然而,如果只用四面体或者只用八面体,都不可能将表面完全填满,因

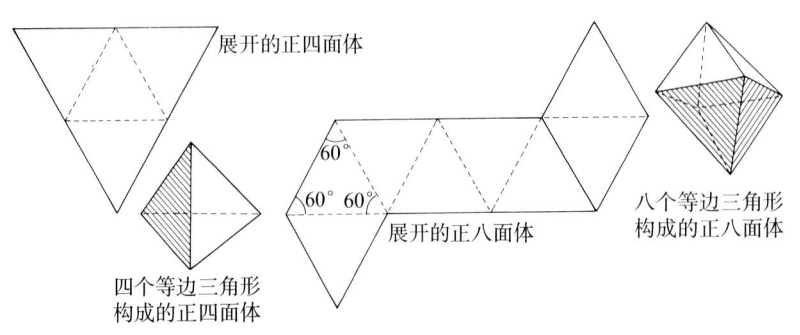

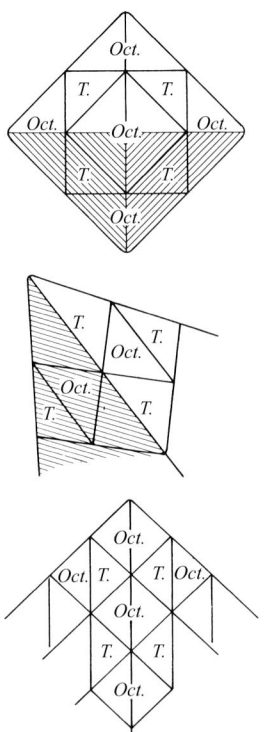

215a. 展开的正四面体(T.)和正八面体(Oct.)。　　　　　215b. 组合

216.《扁虫》,石版画,1959

为它们之间肯定会有空隙。但是,如果对每一种模块进行适当的调整,就可以弥合这些空隙了。埃舍尔已经用这幅版画阐明了这个事实。如果你想对这个奇怪的建筑作进一步的研究,不妨用纸板剪出一些八面体和四面体,把它们粘在一起。在图215a中,你可以看到这些立体图形都被一一展平了。虚线标示着应该折叠的地方。摆弄一下这些立体图形你就会发现,你可以用它们折出你在画面中看到的所有形状。图215b可以助你一臂之力,它说明了,在画面中的几个特定部位,四面体与八面体之间有着什么样的关系。在我看来,用这两种建筑模块给整幅版画做一个立体拷贝,有着难以想象的困难;但如果读者有勇气与精力接受这个挑战,一定会获得非常大的乐趣。当然,其中不会有任何水平的地面和垂直的墙壁,而且我也相信,没有人能在这样的建筑中自由自在地生活。所以埃舍尔只能让扁虫住在里面。

埃舍尔在读到我最初对《扁虫》的描述时,要求我加上一段下面的评论:

虽然没有水平面与垂直面,但还是有可能将四面体与八面体砌成柱子,并达到这样的效果:把它们作为一个整体来看,它们确实是垂直矗立的。在画面中有5根柱子。画面右半部分的两根柱子在某种意义上是彼此反转的。最右边那根看起来只有八面体,但里面肯定有看不见的四面体。它左边的那根看上去全是用四面体造成的,但其中肯定有一串八面体纵向相连,像项链上的珠子那样一个顶着一个。

除了折叠、粘贴纸板之外，用弹球大小的橡皮泥做一些四面体和八面体模型也是可行的办法，还可能更省时间。要填满整个空间，四面体的数目应该是八面体的两倍。这种方法的好处在于，在室温下，橡皮泥做的建筑模块不用胶水就能轻松地粘在一起，而且还能把它们再分开。这样，你就可以像玩一样进行试验。如果四面体和八面体分别用不同的颜色，这个游戏的规则就更清楚了。

超螺旋

埃舍尔不仅对与晶体有密切关系的立体图形有兴趣，任何有趣有规则的立体图形都能使他产生创作冲动。在1953年到1958年之间，他制作了5幅版画，都是以空间螺旋（spatial spirals）为题材的。我们先讨论第一幅：双色木口木刻《旋》（图220），这幅作品的缘起值得关注。

的确，精美的成就往往是对挑战的回应。如果一个孩子对另一个孩子说："嗨，你不会画马！"立即就会有一匹马画出来。版画《旋》便是这种挑战的结果。在阿姆斯特丹荷兰国家艺术收藏馆（Rijksmuseum）的版画室里，埃舍尔看到了一本关于透视的早期著作，巴尔巴罗（Daniel Barbaro）的《实用透视法》（*La Pratica della Perspectiva*, Venice, 1569）[⑤]。其中某一章的开篇装饰了一种环面（torus）[⑥]，其表面由螺旋状的宽带构成（图219）。有两件事经常让埃舍尔感到烦恼：一是雕刻技术不够完美；二是预想的几何图形没有画好。当然两者也并非毫无关联。现在，埃舍尔给自己出了道更难的画题，不仅要画出一个环面，而且要让它有一个越来越细的身体，不断地旋转，旋进自身。"一个以自我为中心的东西"，他后来自嘲地说。这个画题非常棘手，埃舍

217.《鱼之球》（直径14厘米），染色山毛榉，1940，见彩图21

218.《花朵多面体》（直径13厘米），枫木，1958，见彩图23

尔花了几个月的时间构思、创作。这里我们只提供了几个研究草图(图221)。最终的作品可谓辉煌壮丽，这位艺术家以此向我们传达了他对纯粹形式法则的惊叹之情。4根条带,渐行渐小,绕着一根假想的轴将自己卷成空间螺旋，而这个轴本身的形状又是个压扁的螺旋。

任何人，如果看到了这件木口木刻的诸多草案,都会留下深刻的印象:埃舍尔为了精确地表现他所要付诸视觉的立体图形，是怎样地不厌其烦！的确,如果有一个这样的东西把它拍成照片,埃舍尔就容易多了。

PARTE SECONDA
Nellaquale ſi tratta della Ichnographia, cioè deſcrittione delle piante.

PRATICA DI DESCRIVERE LE FIGVRE di molti anguli in uno circolo. Cap. I.

RIMA, che io uegni a deſcriuere le piante, è neceſſario pratica

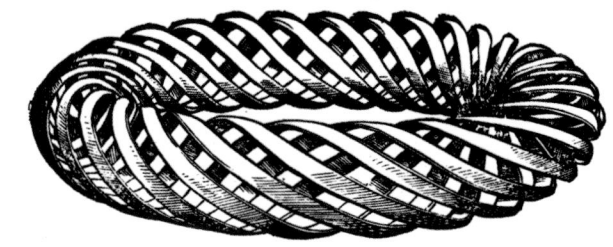

219.《实用透视法》的卷首插图

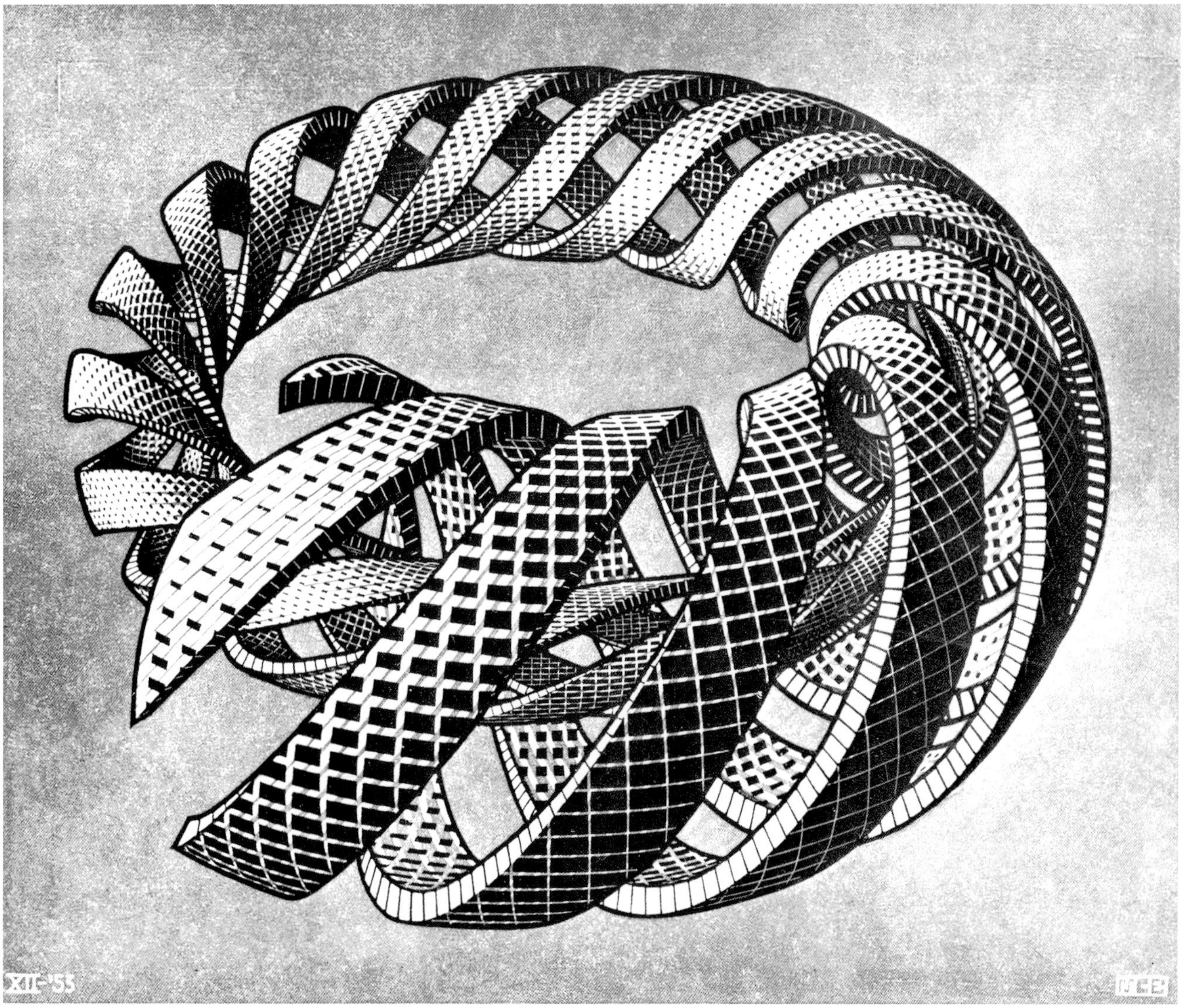

220.《旋》,木口木刻,1953

然而，这种三维实物根本是不可能有求就应的。一个首饰匠人也许能做一个这样的东西，但要花费大量的时间，还要有精湛的技艺。这是一件举世无双的作品，埃舍尔让我们看到了前所未见的东西。

默比乌斯带

"1960年，一位英国数学家（我已经记不起他的名字了）劝我作一幅表现默比乌斯带（Moebius Strips）的版画。而那时我对这个东西还几乎一无所知。"

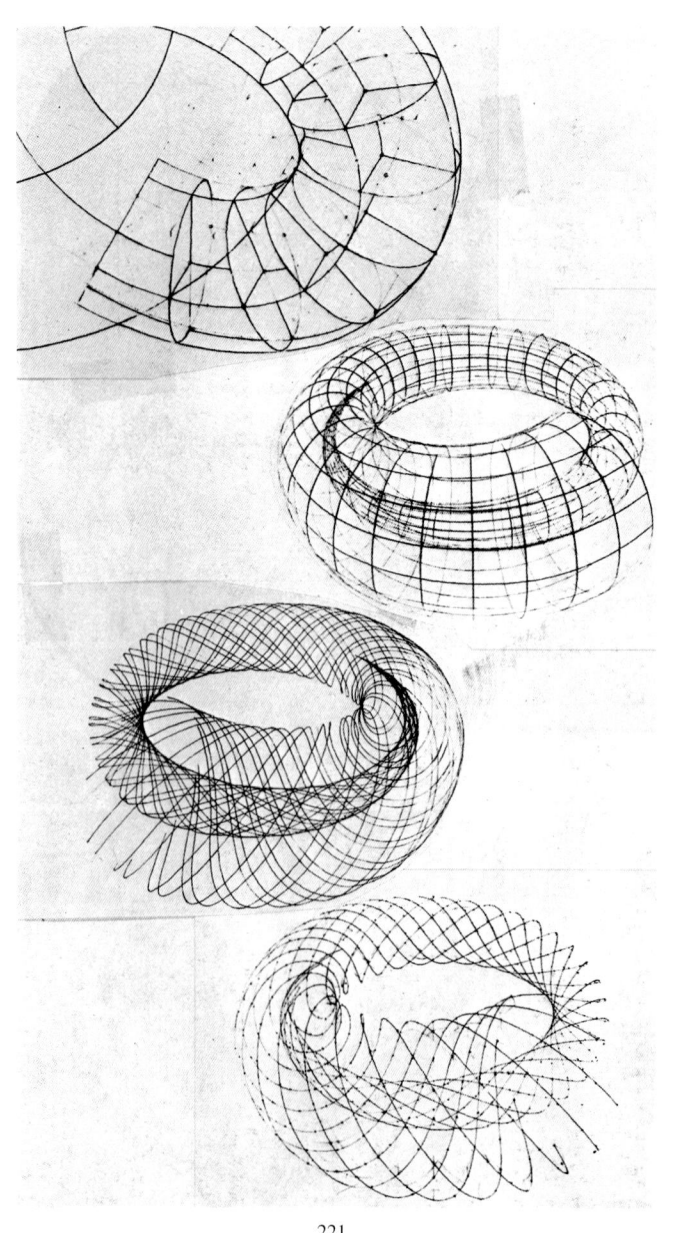

事实上，早在1946年［彩色木刻《骑士》（*Horseman*），图224⑦］，然后是1956年［木口木刻《天鹅》（*Swans*）］，埃舍尔就已经采用了一些有着重要拓扑学价值的形象，而且与默比乌斯带有着很近的关系，所以我们不必对他所说的话太抠字眼。那位数学家向他指出，从数学的角度来看，一条转半周的默比乌斯带⑧有着惊人的特性。例如，沿其中线剪开，它不会分成两个环；再如，它只有一个面和一条边。埃舍尔将第一个特性在《默比乌斯带Ⅰ》（*Moebius Strip I*, 1961，图222）中清楚地表现出来，而将与前者密切相关的第二个特性表现在《默比乌斯带Ⅱ》（1963，图226）中。

这种条带是以默比乌斯（Augustus Ferdinand Moebius, 1790~1868）的名字命名的，他第一个用这种条带阐述拓扑学的一些重要性质。默比乌斯带的制作非常简单（图223）。首先，我们可以将一张纸条的两端粘在一起，做一条带子。*AB*是粘接之处，这个圆筒状的条带有上下两个边，还有里外两个面。然后，模仿默比乌斯的做法，我们将条带扭曲一下，让*A*与*B*相接，*B*与*A*相连。于是我们清楚地看到，这根条带只有一条边、一个面。如果你想把"外面"涂色，你将一直涂下去，直到这张纸的全部表面都涂上了颜色；如果你用手指沿着

221.

"上"边向右滑,不必把手指拿开,你就会在绕了两圈之后回到起点——你没有错过边上的任何一个点。因此,默比乌斯带只有一条边、一个面。为了这幅作品,埃舍尔制作了大量的立体模型,有蚂蚁,也有带子本身。

如果我们将普通的圆环从中间剪开,会产生两个新的圆环,两者可以完全分开。但是,如果对默比乌斯带如法炮制,我们不会得到两个分离的部分——它还是连在一起。埃舍尔在《默比乌斯带I》中阐明了这一点。在这幅作品中,每条蛇都咬着另一条蛇的尾巴。整个图案就是纵向剪切的默比乌斯带。如果顺着蛇的方向看,它们似乎始终都是连在一起的;但如果我们将带子拉开一点,就会得到一条带有两个半周的带子。

在埃舍尔1946年制作的三色木刻《骑士》中,我们看到了两个半周的默比乌斯带。如果你亲自做一个,就会发现,它会自动地构成8字形。这根条带必然有两个面、两条边。埃舍尔把一面涂成红色,另一面涂成蓝色。他把它看做一条布料,布料上有着双面织的骑士图案,其经纬分别为红蓝两色,因此,如果有一个骑士是蓝色的,就有另一个是红色的。在布料正反两面上的骑士彼此互为镜像,这没有什么不正常,因为你无论用什么图案都会这样。但埃舍尔对这条带子进

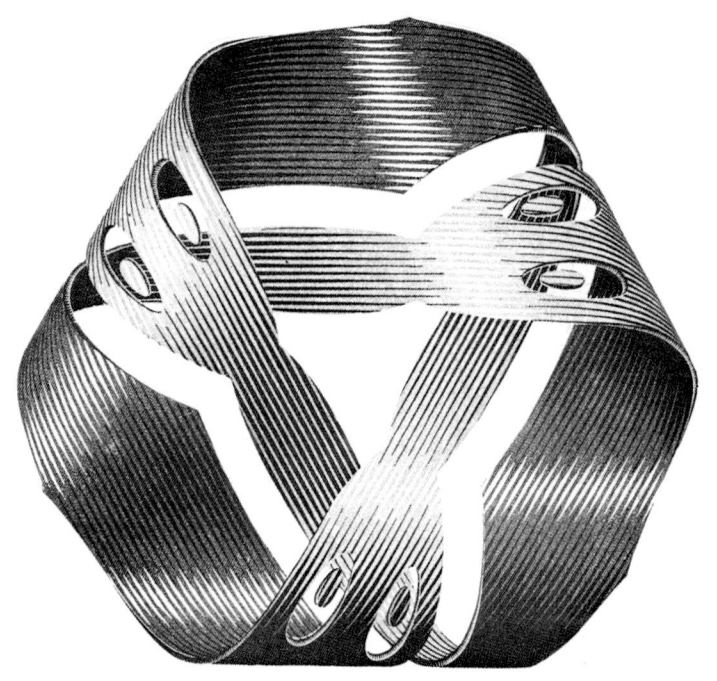

222.《默比乌斯带I》,木口木刻,1961

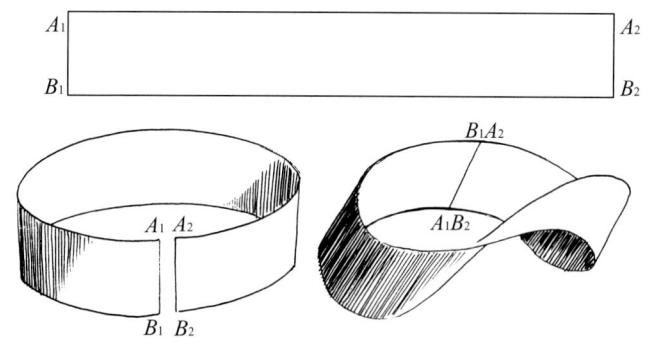

223. 怎样做一个默比乌斯带

行了巧妙的处理,就造成了一个完全不同的拓扑图形。在数字8的中央,他将带子的两个部分粘在一起,使得带子的前面与后面连接起来。如果用透明胶将8的中间粘成一个平面,我们便可以用纸来模仿它。从纯粹的拓扑学角度看,这里我们应该舍弃其中一种颜色,但这并非埃舍尔的初衷。他希望能够表现出,画面下面的那些小红人,是如何与那些与之互为镜像的小蓝人融为一体,并完全填充平面的。这个效果在画面中央得到了实现。

的确,在埃舍尔的空间填充速写本的一个精美的页面上(图225),也有一幅这样的图案。但是在我们讨论的这一幅作品中,这种效果是以一种最为戏剧化的方式表现出来的,因为在这里,我们可以看到,空间填充的过程就在我们眼前实际发生着。

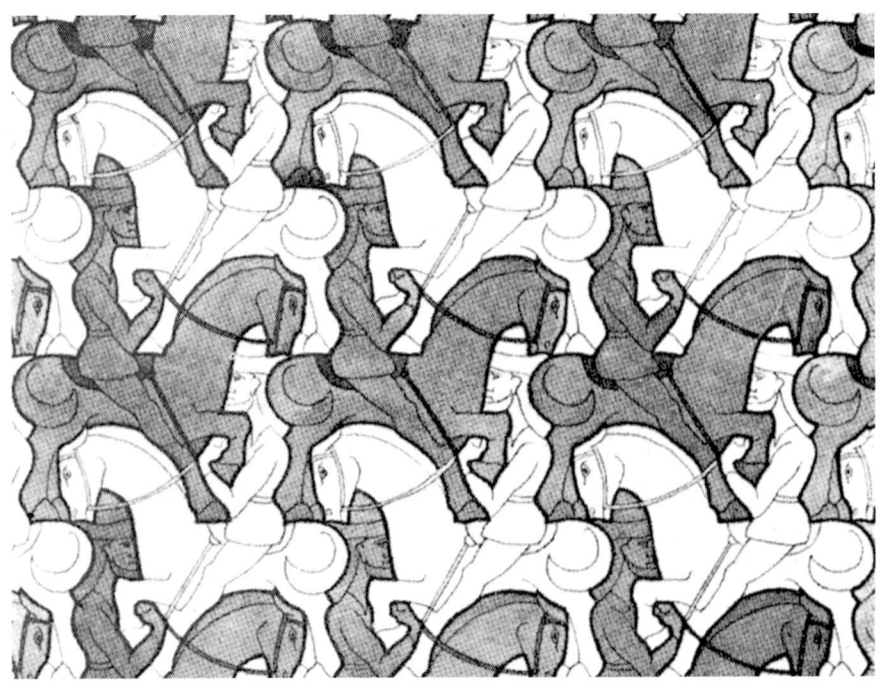

224.《骑士》,木刻,1946,见彩图 22

225. 埃舍尔速写本上的一页

埃舍尔还在木刻《结》(*Knots*, 1965, 图227)[9]中涉及了拓扑学题材。他是在版画艺术家弗洛孔(Albert Flocon)的一本豪华活页画册中看到这样的结的。弗洛孔是埃舍尔的狂热崇拜者,为埃舍尔作品在法国的广泛流传付出了很多努力。在他的这本以铜版画为主要内容的画册中,弗洛孔也在探索空间及其平面表现的关系。然而在这方面,他比埃舍尔更加理论化(作为证据,可以参考他对透视的思考);而在另一方面,他的版画更加自由,没有那么精细,更少受规则或必要条件的约束。正是在弗洛孔的著作《拓扑绘画》(*Typographies*)中,埃舍尔发现了位于版画《结》中左上角的那个结。这样一个由两根条带相互垂直放置而构成的结,在他看来,无论如何都是非常了不起的。他觉得应该为它单独创作一幅作品。埃舍尔1966年的一幅画表明,一年之后他还在这个结上系着,那时他正在加拿大看望他的儿子。这个巨大的《结》的每一小部分都是方的,看起来是由4条不同的带构成的;但是,如果我们跟踪其中一条,就会发现,其实我们在整个结上穿行了4次,没有跨过任何边界,最后回到了出发的起点。所以,从头到尾只有一条带子!我们自己也可以用一些截面为正方形的长条泡沫塑料做一个模型。先打上一个结,然后,把两个端头彼此相对粘在一起。这又会有几种可能性。

这种透雕的履带般的结是埃舍尔多次尝试的结果,他试图找到一种表现形式,能够使这种结构的外表与内里都一目了然。这个问题埃舍尔琢磨了很长时间,甚至还有几件版画不得不停留在设想阶段,因为他没有办法将其内里及外表同样清晰地表现出来。

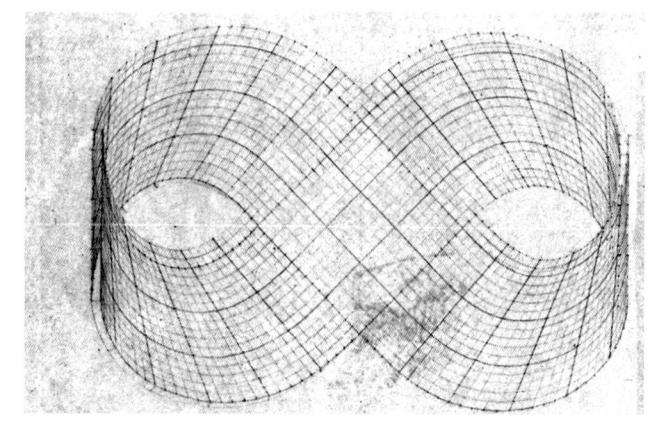

版画《天鹅》的网格

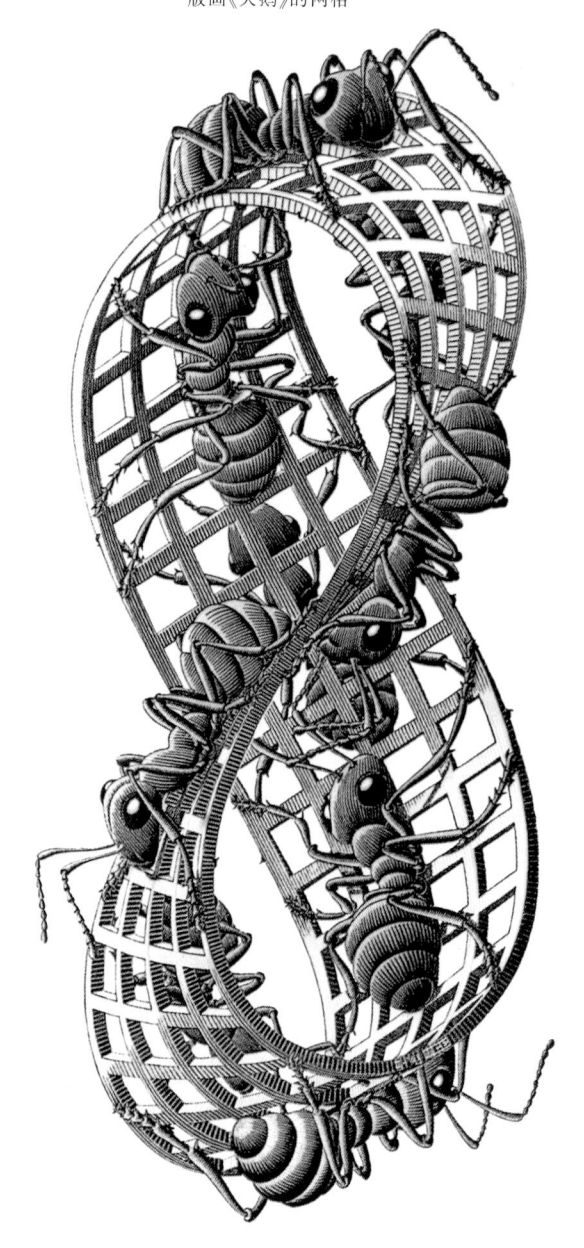

226.《默比乌斯带 II》,木口木刻,1963,见彩图24

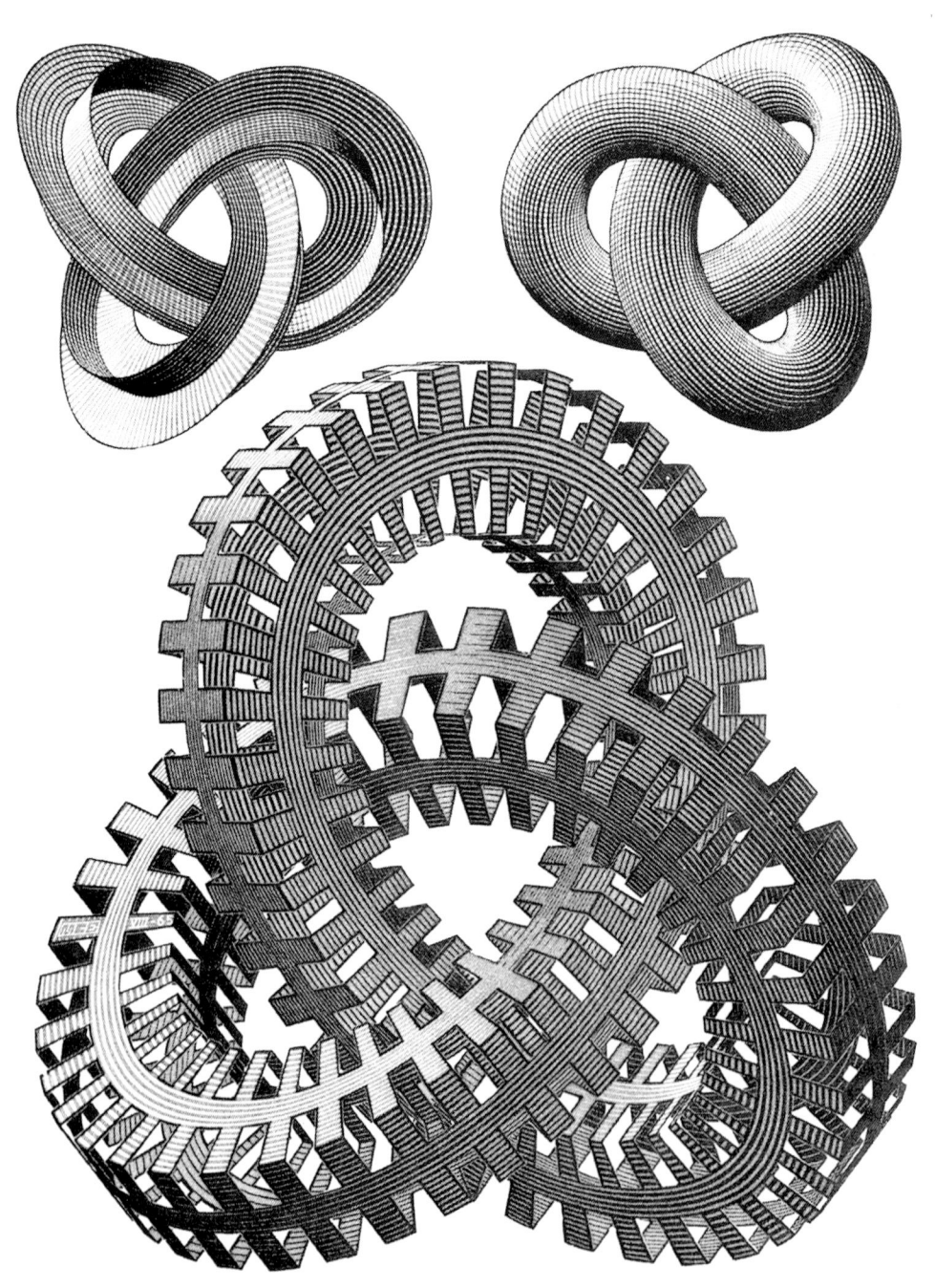

227.《结》, 木刻, 1965

228.《发展 II》,木刻,1939,见彩图 25

15　一位艺术家的无穷之旅

那激励着埃舍尔描绘无穷的究竟是什么呢？在1959年发表的一篇文章里,埃舍尔写下了这样的文字：

  我们无法想象,在夜空中最遥远的星球之外的某个地方,空间到了尽头,出现了一个此外一无所有的边界。当然,对于我们来说,"空"(emptiness)的概念确确实实具有某些意义,因为空间(space)需要是空的,无论如何从概念上是这样。但我们的想象力却不能从"无限"(spacelessness)的意义上理解"无"(nothing)。正因为如此,只要有人还在这个星球上坐卧立行,只要有人能爬、会跑,只要有人乘船、骑马、飞行(甚至飞离地球),我们就会坚定地相信,有黄泉、有炼狱、有天堂、有地狱、有再生、也有涅槃,所有这一切都必将在时间上无始无终,在空间上无尽无休。

  值得怀疑的是,现在的画师(draftsman)、版画家(graphic artists)、油画家(painter)、雕刻家(sculptor),或者无论什么门类的艺术家吧,是否有人怀有这样的渴望：通过一张薄纸上静止的、可视的形象进入无穷的深处？因为现在的艺术家或者被他们不能或不愿弄清楚的本能刺激所驱使，或者被语言无法表达的某种莫名其妙的无意识或下意识冲动所左右。

这样说吧，比如有这么一个人，他没有多少实实在在的知识，只学到了前人的一点皮毛——这么一个人，游手好闲，饱食终日，像个艺术家似的，玩弄一点荒诞的概念，忽然有一天心血来潮，突发奇想，要用他的艺术来探索无穷，还要尽可能的精确、逼近。

他将采用什么样的形状呢？怪模怪样的凌乱不堪的色斑？那不能唤起我们任何联想。要不然，抽象的几何图形吧，线条结构？正方形或六边形？那顶多让人想到棋盘或者蜂窝。不，我们不瞎，不聋，也不哑；我们能够清醒地感受到，我们周围丰富繁多的形状以清晰迷人的曲调鸣奏的天籁。因此，我们用以构建平面分割的形状必须来自我们周围的事物，无论是有生命的，还是无生命的，必须是它们的可以识别的标志或清楚明确的象征。如果我们想建构一个宇宙，不能让它是模糊不清的抽象物，而必须是可以识别的具体形象。让我们用无数形状相似，同时又明晰可辨的建筑模块来构造一个二维的宇宙吧！它可以是石头与星星的宇宙，可以是植物与动物的宇宙，也可以是人类的宇宙。

周期性平面分割实现了什么？当然，不是无穷，但毫无疑问是无穷的一个片段，是"蜥蜴宇宙"的一部分。如果这个表面上的图形互相吻合，它就能扩展到无穷的尺度，也将有无穷数目的图形在上面表现出来。但是，我们不只是在玩思想游戏；我们知道自己生活在一个物质的三维现实里，要构造一个向各个方向无限延伸的平面，已经超越了任何可能性的界限。

然而，还有其他可能的方法可以用来表现无穷，其中有很多方法并不需要把我们的平面卷曲起来。图228是这个思路的首次尝试。由于构建这幅画的图形从边缘到中心沿半径方向连续减小着尺度，所以在中心这一点上已经达到了无穷多与无穷小的极限。但即使这种处理方法所表现的也只不过是无穷的一部分，因为只要我们愿意，就可以添加更大的图形使它向外扩展。

只有一种可行的方法能够克服这种不完整性，从而在一个完全封闭的合乎逻辑的界限之中获得"无穷"，那要反其道而行之。图243展示了这种方法的早期应用，尽管有些笨拙。现在，最大的动物图形放到了中间，无限多与无限小的极限则在圆周处达到。

埃舍尔在周期性平面分割上的娴熟技巧，给他对无穷的探索以莫大的便利。然而，又有一项全新的基本技法要求他发现出来，那就是建造一个便于在平面材料上表现无穷表面的网络结构。

有着相似图形的作品

1937年以后，当埃舍尔第一次开始进行平面分割时，他用的都是完全相同的图形，直到1955年以后，他才开始在一定的程度上使用相似的图形，通过连续变形达到无限。我们看到，这种可能性早在1939年的版画《发展II》(*Development II*)中就已经应用了。但那时，图形的尺度是从无穷小的中央向外扩大的，完全属于变形的范畴。

229.《小上加小 I》的中间部分,木口木刻,1956,见彩图 26

中央的图形不仅小,而且无法识别;等到了外圈才看出是完整的蜥蜴。这幅作品的标题正表明了它与变形的紧密关系,因为《发展I》(*Development I*,1937)是一幅属于变形范畴的作品,其中使用的是全同而非相似的图形。

如果注意到作为其基础框架的图案,我们可以把这些由相似图形构成的作品分为三组。

1. 方块分割类作品(Square-Division Prints)

这类作品在结构上是最简单的,但直到1956年才出现第一幅《小上加小I》。一年后,埃舍尔为德鲁斯藏书俱乐部写了一本书[M·C·埃舍尔,《周期性空间填充》,乌得勒支,1958]。在这本书中,他给出了一个可以作为这类版画基础结构的图示,他还以蜥蜴为题材画了一幅简单的作品,以阐明其基本原理。1964年他将这张图又用在一幅更为复杂的作品《方极限》(*Square Limit*,图230)中。但是这一次,他的目的已经非常明确了,就是要在一幅版画中表现无穷。

这张图示太简单了,也许这正是埃舍尔放弃它的原因。

2. 螺线类作品(Spiral Prints)

这类作品的基本方案——将圆形表面分割成相似图形的螺线——早在《发展II》问世的时候就已经建立起来了。下面这些作品都是以此为基础的:《生命之路I》(*Path of Life I*,1958)、《生命之路II》(1958)、《生命之路III》(1966)和《蝴蝶》(*Butterflies*,1950)。我们也可以将《旋涡》(*Whirlpools*)纳入这个范畴。这些《生命

230.《方极限》,木刻,1964,见彩图 27

之路》的目的其实并不是为了表现无穷小,而是要表现从无穷小到无穷大的发展,然后再变回到无穷小,是一种类似于诞生、成长和死亡的过程。

3. 考克斯特类作品(Coxeter Prints)

在考克斯特教授的一本书中,埃舍尔发现了一个图示,让他深受触动,觉得用它来表现一系列无穷是非常合适的。这就产生了一组《圆极限》(Circle Limit),编号从I至IV(1958、1959、1959、1960)。《圆极限》I、III、IV见图243、244、77。埃舍尔的最后作品《蛇》(1969,图245等)也属于这一类型,尽管埃舍尔为了达到他的特殊目的,对这幅画的网络结构进行了天才的修改。

《方极限》

这是什么(图230)？我们不妨说是无数的飞鱼。在图231中，我们看到了一个解决无穷画题的简单方案。以等腰直角三角形ABC为起点，在边BC上再画两个等腰直角三角形DBE与DCE，重复此步骤，将得到三角形3、4、5、6，如此等等。我们可以将这个过程继续下去，直至无穷，并在我们开始的地方结束。设正方形EFCD的边长为1分米，则其下的正方形边长必为1/2分米，再下者为1/4分米，以此类推(见图231，右)。简单的计算告诉我们，$1/2+1/4+1/8+1/16+1/32+1/64+\cdots=1$。故CG=2分米。尽管如此，我们还是能够发现，我们拥有了尺度逐渐减小而数目无穷的正方形。图231对于数学家来说，可能是极其迷人的，但普通观众则不以为然。埃舍尔在每一个三角形中填上了一只蜥蜴，就使得整个结构充满了生气(图232)。这是他为一本关于周期性平面分割的著作制作的插图。1956年的版画《小上加小I》(图229)也是基于同样的方案。

木刻《方极限》(1964)有着更为复杂的基本格局。图233是它的四分之一加上中心点A周围的一小块。在这里，我们在几个部分中又看到了图231，并且，只有沿着正方形的对角线，才会发现一个不同的解决办法。埃舍尔在一封信中对这幅画作了旁注：

> 《方极限》(1964)是在《圆极限》系列I、II、III之后创作的，它们出自考克斯特教授向我指出的一种"由内向外逐渐变小"的方法，这正是我多年以来苦寻不得的方法。由外向内的逐渐变小(如《小上加小I》)并没有给我带来思辨上的满足，因为在这里找不到合理自足、充分有效的结构。
>
> 对于无穷，我一直渴望获得一个完整圆满、浑然一体的表现方式，在这个虚荣得到了满足之后(其最佳范例是《圆极限III》)，我试图用正方形来代替圆形——这是因为，我们房间里的墙壁都是直

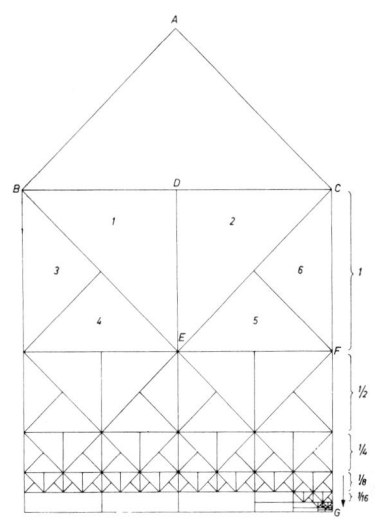

231. 正方分割类版画的原理

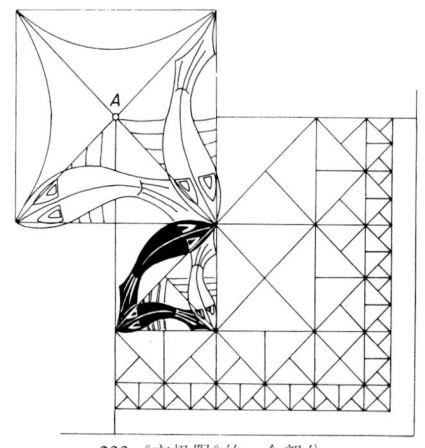

233. 《方极限》的一个部分

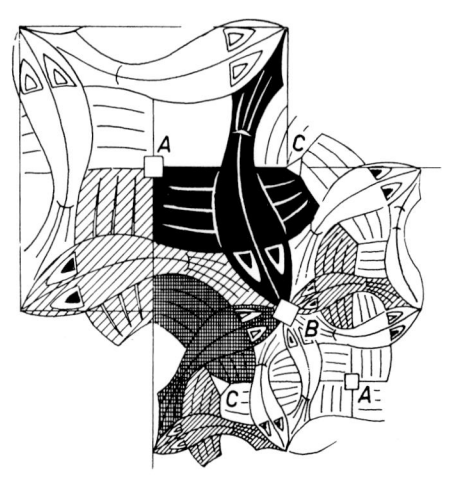

234. 三个不同的接触点

232. 插图，取自埃舍尔《周期性空间填充》，德鲁斯基金会印刷的珍藏版，1958

的,这是无法回避的诱惑。我对于自己创造的《方极限》十分自豪,便给考克斯特寄去了一份。他是这样评价的,"很棒,但是太一般,太欧几里得(Euclidean)[①]了,所以并不十分有趣。圆极限要有趣多了,因为它是非欧几里得的(non-Euclidean)。"这个表述对我来说太希腊(Greek)[②]了,因为我在数学方面是个彻头彻尾的门外汉。但是不管怎样,我都非常高兴地承认,像《圆极限III》这样的版画在智力上的纯粹性远远地超过了《方极限》。

如果我们认为,现在我们已经完全理解了这幅《方极限》,那是在欺骗自己。一个简单的问题就能让我们发憷,比如埃舍尔为什么一定要用3种颜色,为什么2种就不行。让我们看一下图234,同样的部分在图233中已经画出来了。如果我们把注意力集中在几条鱼相汇的几个点,就会看到这样的点一共有3类。在点A,4条鱼的4根翅碰在一起;在点B,4个头和4条尾撞在一起;而在点C,只有3根鱼翅在此相聚。为了把这些鱼区分开来,在点A只需2种颜色,点B也是如此,而点C需要3种颜色。

如果我们想找到点A在其他地方的相应点,首先要注意,这些点只能出现在画面的对角线上。在正中间的鱼翅是:灰/黑/灰/黑[③];在从左下到右上的对角线上,我们一再地发现:白/灰/黑/灰;而在从右下到左上的对角线上则有:白/黑/灰/黑。再没有其他颜色的组合了。

235.《生命之路 II》,木刻,1958

236.《生命之路》的建构图,见彩图28

153

对于点B，我们所能看到的只能是：白/灰/黑；但在点C，如果仔细看一下鱼头，就会发现一些奇异的组合。

这样的作品，不论你看过多少次，每一次都能以丰富的变化令你沉醉。

诞生、生命与死亡

作为螺线类作品基础图案的网络结构是一系列对数螺线。埃舍尔对这种数学概念并不熟悉，但是他把它作出来了。方法如下：首先画一些同心圆，越往圆心，它们之间的距离越小。然后画一些半径，将这些圆分成相等的扇区。

再后，从最外圆圆周上的一个点开始，向内，依次标出相邻半径和相邻圆周的各个交点，然后，将这些点用圆滑的弧线连接起来。当然，反方向也可以。图239表示了这种建构方式。

圆、半径和螺线的整个结构形成了一系列向圆心不断缩小的相似图形的网格图案。在《生命之路I》中，埃舍尔采用了从圆周上8个点开始的双螺线。在《生命之路II》中，在我看来这是其中最好的一个，有4个起点。而在《生命之路III》中，则是从6个点开

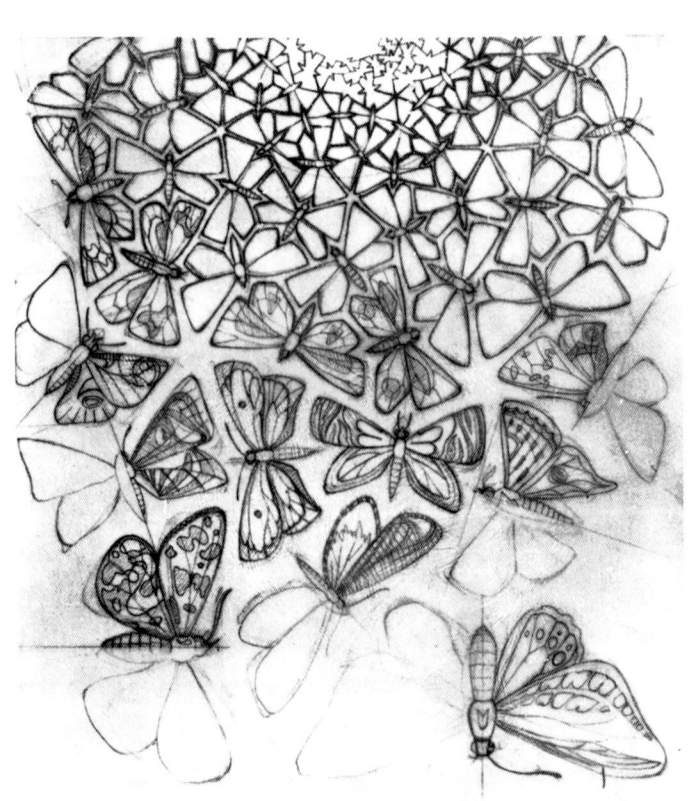

237. 木刻《蝴蝶》的草图

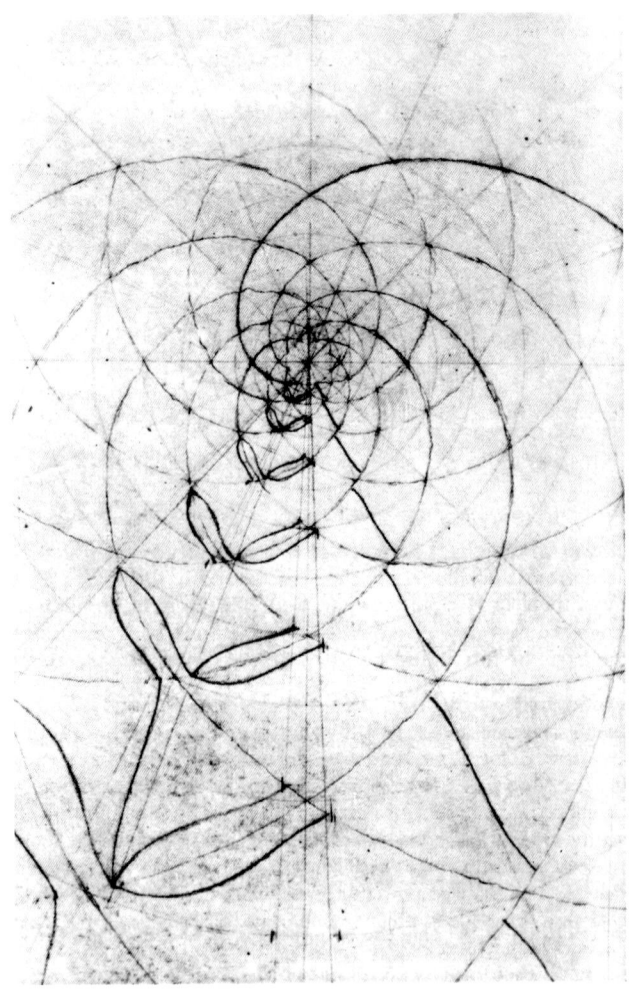

239. 对数螺线，螺线类作品的基本框架

238.《旋涡》,木刻,1957,见彩图 30

240. "我觉得我的作品是最美的,同时又是最丑的!"本书作者与埃舍尔,在埃舍尔逝世前几个星期。见彩图29

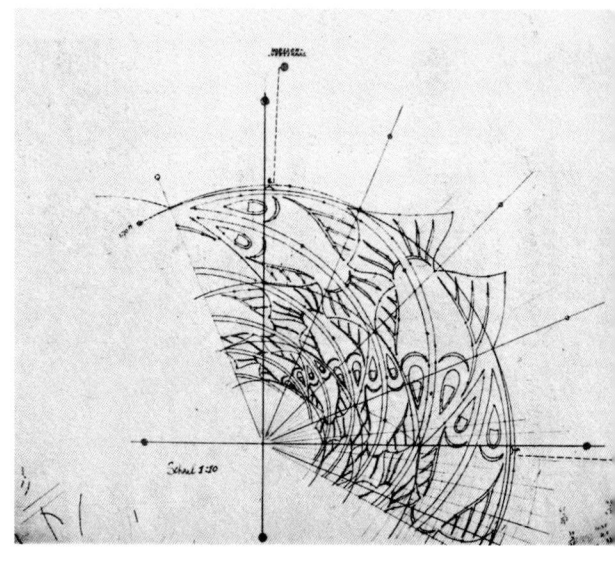

241. 公墓壁画的草图

242. 考克斯特的图示

243.《圆极限I》,木刻,1958

始的12条螺线。

  这个基本图案在1939年就画出来了,当时埃舍尔把它用在《发展II》(图228)中,但在那里,不过是用来制作逐渐缩小的图形的。而在《生命之路》系列中,这种网络结构被用得更加纯熟。在这里,起始于圆周上不同两点的两条螺线,在外缘又连在了一起。因此,我们可以通过一条螺线从外边缘到达中心点,再从那里沿另一条螺线返回外缘,直至与第一条螺线再次相遇。现在我们就用《生命之路II》作一次详细的分析。

244.《圆极限 III》,木刻,1958,见彩图 31

左下的大鱼(图235)有着白色的尾巴,灰色的头。与灰头相接的是形状相似但小一号的鱼的尾巴。这样沿着螺线前往圆心,要经过3条更小的鱼。在接近圆心的地方,由于鱼太小,无法再画下去了——然而,有无数的小鱼在那儿!

现在看图236,我们刚才一直讨论的那条螺线被画成了红色;沿着这条线我们只能看到灰色的鱼。但是在无穷小的那一点,灰鱼变成了白鱼,并沿着蓝色的螺线从中心向外游。在到达边缘时,与我们开始时跟踪的红色螺线合在一起。在此,鱼又一次变了颜色,由白变灰,开始了新的循环。于是,完整的故事是这样的:白鱼在中心获得了生命,慢慢成长,长到了最大,开始变老,变成灰鱼沉下去,回到它来的地方。

我认为这幅作品在两方面取得了最高的成就,它用一种简洁的方法表达了一种理念,并且画面本身朴素高雅。我确实对这幅作品评价甚高,认为它是埃舍尔追索无穷的最佳作品。

在这里,我们只提供了《蝴蝶》(1950)的一张工作草图(图237),不过它并没有把基本网络表现得非常清楚。如果有谁想对最终作品进行分析,却没有意识到它的基本框架是从螺线类作品中引申出来的,他就会被大量的形状引入歧途。这时,画面中严格的规则几乎完全被遮蔽了。

给人印象极深的木刻《旋涡》(1957,图238)在《生命之路》系列之前就已经做出来了。它采用的结构与螺线类作品是相同的,但这种构造本身所具有的几种可能性却没有利用起来。整个画面只有两条螺线,在上面与下面的结构中同时出现,并向着同一个方向运动。这些螺线正构成了彼此相向的两队鱼的脊椎骨。在中央部分,两个结构融在一起。

灰鱼诞生在上面的旋涡里,一边长大,一边向外游。然后,它们开始了向下面旋涡的旅程(这时它们已经开始变小了),再经过不断缩小,最终消失在圆心。而红鱼则是从相反的方向,从下面的旋涡游到上面的旋涡中。

整幅画的印制只用了两块版。印制下面灰鱼的那块版又拿过来印制上面的红鱼。这就是为什么我们在同一幅作品上看到两处埃舍尔的签名与日期。

在《旋涡》问世的那年年底,埃舍尔接受了乌得勒支市的委托,为市立第三公墓的大厅设计壁画。这是一幅直径为3.70米的圆形绘画。埃舍尔不仅进行了设计,还亲自将它画在了墙上(见84页)。这幅壁画几乎是半个《旋涡》的精确副本。

考克斯特类作品

为了阐释双曲几何(hyperbolic geometry)*,法国数学家庞加莱(Jules Henri Poincaré)⑤采用了一个模型,将整个无穷平面表现在一个大而有限的圆周之内。

从双曲几何的角度看,没有任何一点是在圆上或圆外的。这类几何图形的所有特性都可以从这个模型中推导出来。埃舍尔在考克斯特教授的一本书中发现了这个模型的图示(图242),他立即意识到这个图示会给他的无穷探索提供更多的可能性。在这个图形的基础上,他获得了自己的结构图。

《圆极限I》就这样出现在1958年。用埃舍尔自己的话说,这幅画还没有取得完全的成功。

> 作为第一次尝试,木刻《圆极限I》的缺点暴露无遗。不仅鱼的形状还没有从直线的抽象图形进化成发育成熟的生物,而且这些鱼的分布及相互位置,还有很多地方需要修改。确实,我们可以分辨出三个不同的系列,它们彼此相连的身体上的轴线也把这一点衬托得十分明显,但这些轴线是由一对白鱼相聚的头与一对黑鱼相聚的尾交替构成的。因此,这里没有连续性,没有"流畅的交通"(traffic flow),也没有任何一列具有统一的色彩。

---

* 与通常熟知的欧氏几何原理不同,通过线外任何一点都可画出两条线与之平行。④

245.《蛇》,木刻,1969,见彩图 32

《圆极限Ⅱ》不是一幅非常有名的作品,它与《圆极限Ⅰ》极为相似,不过用十字架代替了鱼。在一次谈话中,埃舍尔开玩笑地说:"真的,这幅画应该画在一座半球建筑的内墙上。我向教皇保罗(Pope Paul)建议过,可以用它来装饰圣彼得大教堂的穹顶。想想看,数不尽的十字架悬在你的头顶!可惜,保罗没有接受这个建议。"

《圆极限Ⅳ》(这里的图形是天使与魔鬼)同样严格地遵从了考克斯特的结构。在这4幅作品中,最好的一幅是作于1959年的五色木刻《圆极限Ⅲ》(图244)。它的网络结构在原有的基础上稍有变化。除了与圆周成直角放置的弧线之外(理应如此),也有些弧线并非如此。埃舍尔本人这样描述这幅作品:

> 在彩色木刻《圆极限Ⅲ》中,《圆极限Ⅰ》中的缺陷大大地消除了。现在全是"联运"(through traffic)的系列,同一系列的鱼都具有同一种颜色,它们彼此头尾相接,沿着环形路线从这边到那边,游个不停。越游近中间,就变得越大。这里需要4种颜色,使得每一列鱼都可以与周围的环境区分开来。一串串鱼像火箭一样,从无穷远的边缘以直角发射出来,又跌落到所来的地方,没有一条鱼能最终到达边缘。因为在那之外是"绝对的无"。然而,这个圆的世界如果没有周围的虚空也不可能存在,不仅仅因为"内"的前提是"外",而且因为,由这种几何精确地指定的、建构起整个框架的圆弧的圆心,就在"无"的领地之中。

《蛇》

1969年,埃舍尔已经意识到,他必须再动一次大手术了。这时,只要身体允许,他就会利用每一分钟的时间创作他的最后一幅作品:《蛇》。当时他只跟我说了个大概——一连串的铠甲,边上是小圆圈,中间是大圆圈。蛇就在大的空隙之间蜿蜒盘旋。这是个新发明,他说。无数小环从圆的中心生长出来,变大,达到极大之后,在接近边缘的时候重新消失。但是他不愿透露更多的细节,甚至不让我看前期工作图。他把一切都赌在了这件作品上,要完成它。他也不能容忍任何批评,担心会失去创作的激情。

但是,无论在作品本身还是在早期研究稿中,都没有任何迹象表明,埃舍尔是耗尽全力进行创作的。画面坚定而有力,最终的木刻辉煌壮丽。完全看不出作者年事已高、精力不济了。

的确,这里对无穷的表现并不是那么突出。在早期作品中,埃舍尔的创作达到了狂热的程度,他甚至用放大镜将那些小图形刻成半毫米不到。在木口木刻《小上加小Ⅰ》中,为了刻出精致的细节,他特意选用了一块横截板做了一块特殊的版。而在《蛇》中,他并没有一味地把那些小圆圈画下去,直到它们消失在无穷小图形的浓雾中。相反,一旦连续缩小的观念营造出来,他便见好就收了。

圆环的草图(图246)几乎都是徒手画出来的,从中我们可以看到这个网络结构是多么复杂。从最大的圆环的圆心到整个圆面的外缘,我们又碰到了考克斯特网络结构;但朝向整个画面中央的弧线却向相反的方向弯曲了。由于这些曲线的引入,埃舍尔也实现了向中央方向的逐渐缩小。这是一个很好的例子,埃舍尔的角色不仅是个数学家,也是个技艺超凡的木匠。作为木匠,他给作为数学家的自己出了一道题:这个新的网络结构该怎样解释呢?

如果有人想从生物学教科书中找到那3条蛇,以此证明这幅画不是纯粹的抽象,必将是徒劳一场。埃舍尔本人在研究过大量蛇的照片之后,认为他所画的这种蛇是最美的、最"像蛇"的蛇。

这里提供的诸多前期草图中的5张再次表明,埃舍尔是怎样一丝不苟地工作,在开始雕刻之前,每个细节又经过了怎样的深思熟虑。

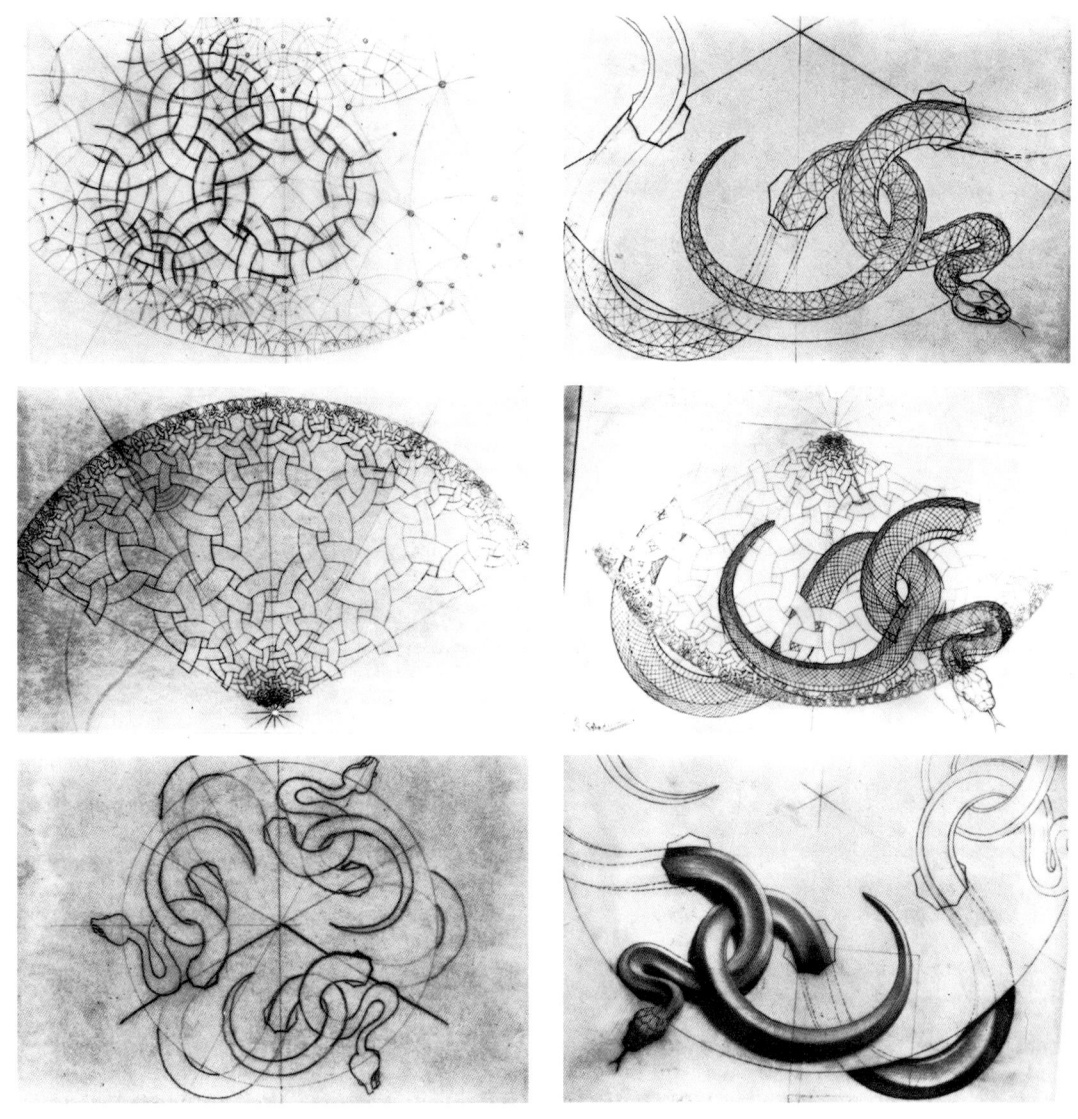

246.《蛇》的草图

这种对细节的孜孜以求、无微不至,正是这位艺术家的独特之处。埃舍尔的艺术表现了他终其一生对实在(reality)的礼赞,以其举世无双的才分,将他本能地从自然形式的图案和韵律中、从隐匿于空间自身结构的内在可能性中感受到的充满数学奇迹的恢宏设计以视觉形式再现出来。埃舍尔一次又一次地向人们展示了他的天启之作,让那些天分稍逊的人们大开眼界,与他分享给他带来诸多欢悦的奇迹。尽管他自己说过,有多少个夜晚,他都因为没能表达出他的所见所想而悲观失落,但是,对于生命所具有的创造美的无穷能力,他从来没有放弃过敬畏与惊叹之心。

161

译 注

魔镜 —— 一个档案

① 本书原作为荷兰文版，中译据英文版译出。英文版行文中用括号加了很多文字，作为补充说明，或为原文所有，或为英译者所加。中译遵从英文本，只在极个别的地方将括号内的文字化为正文，不另作说明。另外，中译本首次出现的专有名词和特殊术语按惯例将英文原词附在括号之内。在一般情况下相信读者可以分辨。

② graphic arts，意为平面艺术，包括作为艺术品的各类版画，也包括实用类的广告平面设计等。这个概念比版画艺术要大一些。

③ 这个词一般而言是颠倒或者逆行的意思。作为术语，在各种学科中有多重含义。在音乐中，指和音或者主题的转回；在数学上，指反演；在心理学上，指心理错位，如同性恋。这里译为反转（翻转）。埃舍尔用这个词表示一个平面图形所具有的两种可能的透视效果之间的关系，本书对此有深入的分析。

④ 罗杰·彭罗斯(1931~)，牛津大学教授，理论物理学家。1988年与霍金(Stephen Hawking)分享沃尔夫物理学奖。

⑤ 国际数学家大会 (International Congress of Mathematicians)，为全球最高水平的数学学术会议，由国际数学联盟举办。开幕时颁发的菲尔兹奖是数学界的最高奖项之一。彭罗斯所说的是第12届国际数学家大会。

1. 魔镜

① 此人可能是清代画家金农。

② trompe-l'oeil，法文，原意是"骗得过眼睛的东西"。在绘画中指一种足以乱真的写实技法。这种技法在古罗马时期就广为使用。文艺复兴时期以来，欧洲画家偶尔会在静物或者肖像之外画上假的外框，或者画一幅窗户图像，诱骗观众。

③ 如果画中人物的目光垂直射出画面，就可能造成这种效果。无论观众站在什么角度，都会看到画面人物注视着自己。美国1917年的一幅著名的征兵广告就利用了这种效果。

2. M·C·埃舍尔生平

① 吕伐登，荷兰北部城市。下文出现的阿纳姆为荷兰东部城市。哈勒姆为荷兰西部的一个工业城市，位于阿姆斯特丹西部，靠近北海，以郁金香的集散地闻名。

② 本书中涉及大量版画类别。大致作如下之译：linocut，麻胶画；lithograph，石版画；mezzotint，铜版画。woodcut和wood engraving均为木刻。木刻分为两种，刻在木材纵切面上的称木面木刻，刻在横断面上的称木口木刻。由于前者比较常见，中文说的"木刻"通常即指前者。woodcut的用法与之相似，故译为"木刻"，一般指木面木刻，有时作为统称，相信读者自可分辨。wood engraving则直接译为"木口木刻"（简称木口刻）。另外，print作为版画的统称，一般译为版画，有时译为作品。

③ 加的斯，西班牙海港城市，坐落在伸入加的斯湾的狭长半岛上。本节出现了大量西班牙和意大利地名。下文还将出现：热那亚，意大利西北城市，濒临利古里亚海的一个港湾。锡耶纳，意大利中西部城市，位于佛罗伦萨南部，因其在锡耶纳派艺术(13~14世纪)中的领导地位而闻名。坎帕尼亚，意大利南部靠近第勒尼安海的一个地区。维亚雷焦，意大利西北部城市，位于热那亚东南的利古里亚海上，是渔业中心和疗养胜地。阿布鲁齐，意大利中部地区，濒临亚得里亚海，大部分为山区。西西里，意大利南部一岛屿，位于意大利半岛南端以西的地中海。科西嘉岛，撒丁尼亚北部地中海的一座法国岛屿。卡拉布里亚，意大利南部地区，形成"靴"状意大利的脚趾部分。埃舍尔游历的这一带有着丰厚的历史与文化。

④ 摩尔人，公元8世纪进入西班牙的一支穆斯林，15世纪晚期在安达卢西亚建立文明社会。

⑤ 撒拉森人，原为叙利亚附近一游牧民族，后特指抵抗十字军的伊斯兰教阿拉伯人，现泛指伊斯兰教徒或阿拉伯人。

⑥ 马耳他，地中海中的一个岛国，位于西西里岛南面。

⑦ 法语，大意是：这位像阿波罗一样蓄着胡须的齐特琴手，他能让缪斯翩翩起舞，甚至让一位（火车站）站长也跳起舞来。

⑧ 意大利文，前者意为"被社会抛弃的人"，指流浪汉；后者意为"给人带来厄运的人"，类似于汉语中的丧门星。

⑨ 都灵，意大利西北部城市。

⑩ 阜姆，里耶卡(Rijeka)的旧称，亚得里亚海上的一座城市，位于萨格勒布西南偏西，它曾在不同时期属于不同的国家。

⑪ 巴伦西亚，西班牙东部位于巴伦西亚海峡上的一座城市。

⑫ 格拉纳达，西班牙南部一座城市，位于科尔多瓦东南，摩尔人于公元8世纪创建。

⑬ 阿尔汗布拉宫，建在山顶俯视格拉纳达的一座堡垒及宫殿。由摩尔国王于12和13世纪修建，为西班牙摩尔建筑的典范。

⑭ 卡塔赫纳，西班牙东南部城市。

3. 无法归类的艺术家

① 也是一位伟大的荷兰画家。《夜巡》创作于1642年，是艺术史上的名作。

4. 生活与工作的反差

① 物理学名词，指像的凸凹与原物恰好相反，也就是后面章节所说的"反转"。

② 语出《新约·马太福音》第五章。原句为："你们是世上的盐，盐若失了味，怎能叫它再咸呢？以后无用，不过丢在外面，被人践踏了。"（引自中文版《圣经》）耶稣把他的门徒称为大地的盐，后引申为忠诚可靠的人，社会中坚。埃舍尔借用此典，将惊奇作为生活中最重要的东西。

③ 意大利语，大意是：深沉而凝重的月亮，她怎么样了？

④ 马尔马拉海，亚洲小亚细亚半岛和欧洲巴尔干半岛间的内海。

⑤ 德鲁斯(1877~1962)，荷兰图书与活字设计家，私人出版运动的重要人物。

⑥ 原文为1945年，当属笔误。

5. 作品的演化

① 以全同图形进行平面填充所涉及的对称性组合是有限的。第七章将有更详细的讨论。

② 英文版称此作品为most beautiful，不够准确。因《画手》以简明著称，而不以漂亮著称。但是，物理学家常用漂亮(beautiful)来赞扬物理学公式或者理论，它的意思就是简洁。故此说亦无不可。

③ 灭点，透视画法中，指视线消失的那一点，故有灭点透视之说。zenith(天顶)和nadir(天底)是天文学术语，指天球的最高点和最低点，其位置一在头顶，一在脚下。与透视术语中的"天点"和"地点"不同。

④ 此标题用了两个音乐术语，后者指两个主题之间的过渡。

⑤ Harold Scott MacDonald Coxeter(1907~2003)，加拿大多伦多大学(University of Toronto)数学系荣誉退休教授。被认为是20世纪最著名的几何学家，在多面体、非欧几何、离散群和组合理论等多方面做出了重要的基础性工作。

⑥ 皮埃罗·德拉·弗朗西斯卡，15世纪的意大利画家，其作品表现出高超的几何学透视画法。

6. 绘画乃是骗术

① 科莱恩(Hendrikus Colijn, 1869~1944)，荷兰政治家。1925年和1933年两度出任首相。1940年德军占领荷兰后，留在荷兰主编《旗帜报》。1941年被捕，3年后死于集中营。

② 原文$ABCD$和$A'B'C'D'$颠倒，应属笔误。

③ 黎曼曲面是黎曼为了给多值解析函数设想一个单值的定义域而提出的一种曲面，是复变函数的基本问题。在坐标图上可以表现为多叶分层相连的曲面。黎曼是19世纪的重要数学家，他的工作影响深远。对于下文要提到的非欧几何也做了重要工作。

④ 范丹齐格（1900~1959），阿姆斯特丹大学（University of Amsterdam)数学教授；范韦恩加登(1916~1987)，阿姆斯特丹数学中心(Mathematisch Centrum in Amsterdam)教授。

7. 阿尔汗布拉宫的艺术

① 周期性图形分割(periodic drawing division)、规则镶嵌(regular tessellation)以及周期性空间填充(periodic space-filling)是同一个事情不同角度的表达，或强调平面(被图案所分割)，或强调图案(用以填充画面)。

② 法语，意为世界末日。

③ 马略尔卡，16世纪产于意大利的装饰用陶器，油彩鲜艳。

④ 日本的一种微雕艺术，作品约核桃大小，可用作装饰，如衣扇的坠子。根付为日文汉字。

⑤ 乌得勒支，荷兰中部的城市，在阿姆斯特丹的东南偏南方向。

8. 透视的探索

① 丢勒，文艺复兴时期德国最重要的油画家、版画家、装饰设计家和理论家。

② 巴别塔(Tower of Babel)故事出自《圣经·创世记》第十一章。巴比伦人想要造一座通天之塔，塔越建越高，使上帝感到恐惧，于是上帝弄乱了人们的语言，使人们不能交流，塔便没有造成，而人类开始操不同的语言分散到世界各地。

③ 曾用作1947年的新年贺卡。

④ 在透视法中，point of distance指视线相汇的点，即灭点。但从上下文看，这个点是指与地平线平行的视线的灭点。故有此译。

⑤ other world，直译为另一个世界，在英文中，有冥界、来世、来生、理想世界、未来世界等意，这应该是埃舍尔自己也以为有玄虚之嫌的标题之一。

⑥ 古代波斯艺术中一种传说的妖怪，由许多不同动物的各部分肢体组合而成，在绘画以及陶瓷、地毯等工艺品中均有描绘。

⑦ 原文为左派，应系笔误。

⑧ 当指左右两派同向行走，却一个上楼，一个下楼。

⑨ 木刻本身可以用来印刷，是multiple reproduction的。对于这种情况，木刻本身是母版，印出来的画才是作品。但是如果制作一个不打算用来印刷的版，这块版就是nonmultiple reproduction的。则木版本身就是作品。这块木版是1997年上海博物馆埃舍尔作品展中的展品之一。

⑩ 富凯(1420? ~1481?)，15世纪法国杰出画家。

9. 邮票、壁画和纸币

① 荷兰西南部城市，位于海牙东南部。16世纪以来，该市一直生产精陶。

② 意大利国土的形状以长靴闻名，故有此说。

③ 荷兰西南部城市，位于海牙东北。莱顿是荷兰的重要城市，莱顿大学建于1575年，在17和18世纪曾是著名的神学、科学和医药学的研究中心。

10. 创造不可能的世界

① 从认识论的角度，艺术可分为再现的(representational)和表现的(expressional)两类，前者强调对现实世界的再现；后者

强调对内心精神的表现。比如传统的绘画属于再现的,音乐则都属于表现的。因本书非美学著作,没有严格从美学的角度使用representational和expressional,中译从之,除本章外,大多按中文习惯译为表现。

② vision的含意很多,有视力、视野、幻象、想象力、洞察等。视界为物理学名词,这里只取其中文字面含意,可理解为"看到的世界",与物理无关。另外,视界与世界同音。故作此译。

③ 马格里特(1898~1967),比利时超现实主义画家。

④ 原文如此,但是这些景色在画中似乎并未出现。

⑤ 法语。大意为:你们都处在同一个时代吗?

⑥ 吉尔伯特·基思·切斯特顿(Gilbert Keith Chesterton,1874~1936),英国作家和批评家,写过一系列以布朗神父为主角的侦探小说,部分有中译出版。

11. 精湛的技艺

① 威林克(Carel Willink,1900~1983),现代荷兰最好的人像画家之一。

② 阿佩尔(Karel Appel,1921~),荷兰抽象表现主义画家。

③ 指萨尔瓦多·达利(Salvador Dali,1904~1989),西班牙超现实主义大师。

④ 当指维克多·瓦萨雷利(Victor Vasarely,1906~1997),出生于匈牙利,后在法国定居。光效应绘画(Optical Art)的创始人,欧普运动(Op Art movement)的领袖。Op即Optical的字首。埃舍尔的某些作品也被有些人认为属于光效应绘画,认为它们虽然不抽象,但是利用了视错觉的原理。本书对这种看法无疑是个澄清。

12. 共存的世界

① 这是作者自创的英文词。equi指相等,local指位置。

② 作者杨·凡·爱克(Jan van Eyck,1390? ~1441)为15世纪佛兰德斯画家。

③ 英国作家刘易斯·卡罗尔(Lewis Carroll,1832~1898)的两部著名童话。

④ 法语,意为杰作。

13. 不可能存在的世界

① 原文如此。但是这里有些歧义,准确的表述应该是这样的:如果你看到的是个外凸的装饰物,那么,画面中的光线是从右面来的,打在这个装饰物右侧的外凸面上。如果是凹陷的盆,光线则从左面进来,打在盆右侧的内面上。这里的光线是指画面中的光线。至于你看这幅画的时候,你房间中的光线从哪一个方向打过来,对你看到的画面是凸是凹的影响并不大。

② 应译成反转,或者反演。这里用翻转,谐音,谐意。

③ 应为Jan A. Schouten(1883~1971),1948~1953年为阿姆斯特丹大学数学教授,是1954年阿姆斯特丹国际数学家大会的主席。就是在这次数学家大会期间,彭罗斯参观了埃舍尔的画展。

④ 吉安·加利罗·维斯孔蒂(1351~1402),意大利米兰领袖,曾征服了意大利的诸多地区,并以其对艺术的支持闻名。

⑤ R·彭罗斯的父亲,遗传学家。

14. 大自然与数学的奇妙设计

① 规则多面体(regular polyhedra),即正多面体。后面提到的规则立体(regular solid)是一个更大的概念,它包括这些外凸的正多面体和内凹的"规则多面体"。

② "柏拉图的"(Platonic),有"理想的"、"不切实际的"等含意。这里是一个双关。在柏拉图时代,如上文所述,希腊人已经认识到只有5种可能的正多面体。同时,柏拉图接受了恩培多克勒的四元素说,认为宇宙的基本元素为土、水、气、火。柏拉图将两者结合起来,认为火是正四面体,气是正八面体,水为正二十面体,土为正立方体,整个宇宙为正十二面体。从而使正多面体成为宇宙的基本元素。

③ 普安索(Louis Poinsot,1777~1859),法国数学家、力学家。

④ 类似于中国的七巧板、鲁班锁之类的智力玩具。

⑤ 巴尔巴罗,文艺复兴时期的意大利画家。

⑥ 即环形圆纹曲面,它是由圆圈形成的超环面,其表面具有炸面圈的形状。所谓超环面是指由封闭曲线绕其所在平面某一轴旋转而生成的平面,这些旋转线都互不交叉。

⑦ 原文为图91,系笔误。

⑧ 下文给出了默比乌斯带的做法。将纸带的一端转半周与另一端相连,是为半周默比乌斯带。也可以转一周,会得到两个半周的默比乌斯带。等等。

⑨ knots是复数,不只一个结,从画面看,这件木刻的标题译成《百转千结》更为贴切,但是这与埃舍尔本人的风格不符。太抒情,不够朴素。

15. 一位艺术家的无穷之旅

① 欧几里得空间是三维平直空间,这里指平直。

② 古希腊是西方学术之源,对于普通人来说高深莫测,故Greek有深奥难懂之意。埃舍尔用此词表示考克斯特的评价太学术,并以此词与Euclidean相对。

③ 附图的版本没有使用黑色,而是红色,所以应该是灰/红/灰红。下同。

④ 原注有误,在双曲几何中,通过线外任何一点都能画出一条以上直线与之平行,而非正好两条。

⑤ 20世纪杰出的数学家、物理学家、科学思想家,同时也是位散文家。

作品索引

（黑体数字代表作品插图所在页）

阿马尔菲(*Amalfi*) **11**

G·A·埃舍尔像(*Portrait of G. A. Escher*) **17**

八个头(*Eight Heads*) **52**

巴别塔(*Tower of Babel*) 34, 65, **66**

彼岸I(*Other World I*, 铜版画) 34, 56, 66, **67**, 78

彼岸II(*Other World II*, 木口木刻) 66, **67**

扁虫(*Flatworms*) 138, **139**

变形(*Metamorphosis*, 邮局版) 84, **85**

变形I(*Metamorphosis I*) **33**, 37, 55

变形II(*Metamorphosis II*) 53, **54**, **55**, 56, 84, 85

持花的妇女(*Woman with Flower*) **13**, 100

辞(*Verbum*) 56

多利安柱(*Doric Columns*) 34, **41**

发展I(*Development I*) **31**, 37, 149

发展II(*Development II*) **147**, 148, 156

方极限(*Square Limit*) 149, **150**, 151, 153

高与低(*High and Low*) 1, 2, 4, 20, 34, **70**, 71, 73, **74**, 75, 78, 79

戈里亚诺西科利, 阿布鲁齐(*Goriano Sicoli, Abruzzi*) **98**

拱门楼梯(*Vaulted Staircase*) **100**

观景楼(*Belvedere*) **31**, 56, 121, 122, 123, **124**, 126

哈勒姆圣巴沃教堂(*St. Bavo's, Haarlem*) **36**, 103

蝴蝶(*Butterflies*) 149, **154**, 158

花朵多面体(*Polyhedron with Flowers*) 136, **140**

画廊(*Print Gallery*) 2, 35, 45, 46, **47**, 48, 49, 50, 75, 102

画手(*Drawing Hands*) 34, **39**

货船(*Freighter*) 17

阶梯宫(*House of Stairs*) 76, 77, 78, **79**, 80, 81, **96**

结(*Knots*) 97, 145, **146**

晶体(*Crystal*) **33**, **34**, 135

静物与反射球(*Still Life with Reflecting Sphere*) 103, **104**

静物与街道(*Still Life and Street*) **91**, 92, **109**, 110

镜前静物(*Still Life with Mirror*) **32**, 33, 105, **107**

卡斯特罗瓦尔瓦(*Castrovalva*) 15, 33

立方空间分割(*Cubic Space Division*) **62**, 78

涟漪(*Rippled Surface*) 16, 56, 93, 100, 105, **106**, 107

龙(*Dragon*) 31, 34, 39, **40**

露珠(*Dewdrop*) 104, **105**

罗马圣彼得教堂(*St. Peter's, Rome*) 34, **65**

马耳他(*Malta*, 速写) **44**

马赛(*Marseilles*) **15**, 17

马赛克I(*Mosaic I*) 110

马赛克II(*Mosaic II*) 110

梦(*Dream*) 97, **109**, 110

命运(*Predestination*) 19, 110

魔带立方体(*Cube with Magic Ribbons*) **119**, 121

魔镜(*Magic Mirror*) 8, 34, 56, **108**

默比乌斯带I(*Moebius Strip I*) 142, **143**

默比乌斯带II(*Moebius Strip II*) 34, 97, 142, **145**

瀑布(*Waterfall*) 4, **34**, 35, 125, 126, 127, **128**, 129, 135

骑士(*Horseman*) 142, 143, **144**

群星(*Stars*) 30, 34, 134, **135**, 136

日与月(*Sun and Moon*) 93, 95, **108**, 109

瑞士之雪(*Snow in Switzerland*) **16**

萨沃纳(*Savona*) **109**

三个球I(*Three Spheres I*) 8, **41**

三个世界(*Three Worlds*) **32**, 33, 93, 106, **107**

森格莱阿(*Senglea*) **44**

上升与下降(*Ascending and Descending*) 129, **130**

蛇(*Snakes*) 18, 35, 97, 150, **159**, 160, 161

深度(*Depth*) **31**, 34, **64**

生命之路(*Path of Life*) 19, 149, **153**, 154, 156, 158

手执反射球(*Hand with Reflecting Sphere*) 30, **104**

双行星(*Double Planetoid*) 110, 135

水洼(*Puddle*) 56

天鹅(*Swans*) 142, 145

天使与魔鬼(*Angels and Devils*) **58**

天使与魔鬼球(*Sphere with Angels and Devils*) **59**, 136

天与水I(*Sky and Water I*) 10, **37**, 56

凸与凹(*Convex and Concave*) 2, 4, 35, 56, 113, 115, 116, **117**, 118, 120, 121, 122

西西里塞杰斯塔神庙(*Temple of Segeste, Sicily*) 100, **101**

蜥蜴(*Reptiles*) 19, **31, 42**, 58
舷窗(*Porthole*) 17, **92**, 110
相对性(*Relativity*, 木刻) **69**
相对性(*Relativity*, 石版画) 67, **68**, 69, 70, 138
相遇(*Encounter*) **43**, 97
小上加小I(*Smaller and Smaller I*) 35, **149**, 151, 160
行星四面体(*Tetrahedral Planetoid*) 34, 110, 134, 135, **137**
旋(*Spirals*) 2, 140, **141**
旋涡(*Whirlpools*) 149, **155**, 158
循环(*Cycle*) 37, **57**
眼睛(*Eye*) **20**, 110
阳台(*Balcony*) 19, **45**, 46
耶塔(*Jetta*, 速写) **12**
夜中罗马(马森齐奥殿)[*Rome at Night(Basilica di Massenzio)*] **99**
夜中罗马(图拉真柱)[*Rome at Night(Column of Trajanus)*] **100**
椅中自画像(*Self-Portrait in Chair*) **36**
意大利南部小镇(*Town in Southern Italy*) **30**
引力(*Gravity*) 135, **137**, 138

鱼和鳞(*Fish and Scales*) **49,** 50
鱼之球(*Sphere with Fish*) 136, **140**
圆极限I(*Circle Limit I*) **31,** 150, 151, **156,** 158, 159, 160
圆极限II(*Circle Limit II*) 150, 151, 159
圆极限III(*Circle Limit III*) 35, 150, 151, 153, **157**, 160
圆极限IV(*Circle Limit IV*) **59**, 150, 160
秩序与混沌(*Order and Chaos*) 110, 135
昼与夜(*Day and Night*) 16, 34, 37, 55, **56,** 93, 95
自画像(*Self-Portrait*, 木刻) **13**
自画像(*Self-Portrait*, 石版画) **18**

瓷砖壁画(tile mural) **38**
瓷砖柱(tilted column) **86**
代尔夫特的木刻(woodcut of Delft) 82, **83**
贺卡设计(card design) **82**
书签(bookmark) 65, **67**
细木镶嵌装饰板(panels, intarsia) **86**
邮票(stamps) **85**
纸币设计(banknote designs) 84, **87**

译后记

M·C·埃舍尔无疑是一位出色的艺术家。但是,他却与同时代的艺术家几乎没有交流。如本书作者所说,埃舍尔特立独行,几乎是孤身一人进行着他的绘画探索。又如本书作者所言,埃舍尔其实是一位思想家,只不过他的思想不是付诸语言,而是形诸画面。他的每一幅作品,都是他思想探险的一个记录和总结。

本书的问世,终于可以使中国读者能够系统地、不失真地了解埃舍尔本人的思想和作品了。

第一次看到埃舍尔的作品是在20世纪80年代初期,有一期《读者文摘》(今《读者》)的中心插页上刊出了埃舍尔著名的《瀑布》,鉴于此刊的销量,这应该是埃舍尔在中国的第一次大众传播。而埃舍尔在中国知识分子中产生影响,毫无疑问是由于"走向未来丛书"之一的《GEB——一条永恒的金带》(四川人民出版社,1984年)。很多中国学者都是通过书前的插图第一次看到埃舍尔的作品的。而这个小册子只是美国学者侯世达(Douglas R. Hofstadter)一部巨著的简写本,原书曾获美国普利策奖,销量甚广。12年后的1996年,中文全译本《哥德尔、艾舍尔、巴赫——集异璧之大成》方才出版。该书将数学家哥德尔、艺术家埃舍尔和音乐家巴赫进行了比较,认为他们之间存在着人类思维不同领域的共性。但是,这部书其实是侯世达的六经注我之作,他所说的埃舍尔是他所看到的埃舍尔,而不是埃舍尔本人。

埃舍尔独树一帜,自成一格,他的作品已经构成了一个自足而丰富的世界。对于这个世界,普通人往往不得其门,只是把它当做一幅幅有趣的、奇怪的图画。而学者们则各取所需,其中虽有阐微发隐,也不乏自说自话。对埃舍尔的误解更是常见,比如时常有人称埃舍尔为错觉图形大师,也不时有人说埃舍尔精通自然科学或者数学。

当然,由于埃舍尔所思考的问题,以及他思考问题的方式,更接近于科学家而不是艺术家;所以毫不奇怪,他的作品首先为科学家所接受,是科学家发现了埃舍尔作品的不凡价值和意义。数学家、物理学家以及心理学家如侯世达一般各自从自己的角度解释埃舍尔,或者用埃舍尔说明自己的理论。杨振宁的一本小书《基本粒子发现简史》就是以埃舍尔的《骑士》作为封面的。马丁·加德纳的文集《好科学、坏科学、怪科学》的封面则选用了埃舍尔的作品《三个球I》。

从目前的大众语境看,一位艺术家表达了"科学的思想",并能为科学家所欣赏,是艺术家的荣耀。但是,这样的理解恰恰忽视了埃舍尔作为一位独立的思想者的价值。尽管埃舍尔有很多科学家朋友,并且有几位对他的作品产生了影响。但是,在我看来,埃舍尔并没有试图表达"科学家"的思想,而只是要表达他自己的思想。

本书的价值就在于,它从埃舍尔自身的角度,对埃舍尔进行了系统的评述。而且,这个评述是建立在第一手资料之上的,并得到了埃舍尔本人的认可。

长期以来,我像追星一般搜罗有关埃舍尔的图片。他的作品只是零零星星地出现在科学家的著作中,出现在装帧设计方面的书籍中——这是埃舍尔产生了重大影响的另一个领域。作为一名物理系的学生，我很早就注意到了杨振宁的小书。大四时，我从吉林大学图书馆处理的过期杂志中买了一期Science，仅仅因为其封面是埃舍尔的《彼岸》，那是我拥有的第一张尺寸较大的埃舍尔彩色印刷品。整本的埃舍尔画册直至90年代方才出现，据我所知仅有两种：《埃舍尔版画选》，岭南美术出版社，1990年；《埃舍尔的魔镜》，重庆出版社，1991年。前者是中国美术家编选的一个画集。后者其实是本书的第一个中译本，它所依据的可能是最早的荷兰文版。遗憾的是，译文不通之处甚多。另外，插图的尺寸被大大地压缩了，也没有依照原书文图混排的版式，所以只能算作一个画册。尽管如此，我在翻译中也曾在个别地方参考了这个译本，在此向译者李述宏、马尔丁表示感谢。无论如何，这两种画册对于埃舍尔在中国的传播所作出的贡献是不容忽视的。当然，由于版权问题，恐怕都不能再印了。

埃舍尔画展在国内曾经举办过两次。第一次是1997年8月28日至9月28日在上海博物馆，我曾专程从北京飞到上海"朝圣"。1999年4月，荷兰女王访华时，把埃舍尔的作品作为一件礼物带给中国，展馆设在北京劳动人民文化宫。这是一次视觉的盛宴。不仅有大量埃舍尔版画，还有两部电影循环播放：一部是关于埃舍尔不可能图形的三维动画，一部是关于埃舍尔生平的纪录片。两次画展都引起了不小的轰动。上海画展的纪念品虽然昂贵——一本薄薄的展品画册160元，一件普通T恤衫180元，一枚纸质小书签20元，一支普通圆珠笔20元——但是到了最后几天，大部分展品都已售空。借地利之便，北京画展我去了两次，每次都见到熙熙攘攘的人群。

埃舍尔的魅力是超越国界的。

翻译是一项费时费力的工作；在中国目前的出版状况下，是一项不能以之维生的工作；但是，出于热爱，又是一项不能不做的工作。

本书的翻译经过了漫长的时间。感谢上海科技教育出版社对我的信任，将此书的翻译工作委托给我，并为此等待了一年多的时间，一再与原出版商协商推延出书期限。为了保证本书的进度和质量，我恳请老友王蓓译出全部初稿，由我复译和统稿。王蓓是南京大学外语系的高材生，后在英国爱丁堡大学获得教育学硕士学位。她的英文水平为本书奠定了良好的基础，可惜她的中文才华未能在最后的定稿中充分地展现出来。这是由于，翻译还是一项不易合作的工作。我只能按照我对中文的理解和习惯统一全稿。

好的中译首先必须是好的中文，这一点本来无须强调，但是近年来出版的译著，有些连通顺的中文都很难得。在这个翻译中，我力图达到译意准确、译文流畅，但才力与时间所限，尚有许多不尽人意之处，敬请前辈、同道与读者指正。

由于作者的讨论涉及诸多领域，为了便于读者理解，我作了一些注释。这些注释有些取自工具书，有些出自我自己的理解。不当之处，亦请批评。

译文中还有几个人名未能找到出处，是一个有待将来弥补的缺憾。

感谢宋微微、孙永平和胡茜对译稿的校对以及对文中法语、意大利语的翻译所提供的帮助。

最后，本书的翻译还得到了"北京大学创建世界一流大学计划"的经费资助，在此表示感谢。

北京大学哲学系　田松
2002年10月25日

The Magic Mirror of M. C. Escher
by Bruno Ernst
Copyright © 1978, 2013 Bruno Ernst
Copyright illustrations M. C. Escher © 2013 Cordon Art b. v., Baarn., Holland
Chinese translation copyright © 2014 by
Shanghai Scientific & Technological Education Publishing House
Published by arrangement with J. A. F. de Rijk
through H. P. Albarda
ALL RIGHTS RESERVED
上海科技教育出版社业经 J. A. F. de Rijk 授权
取得本书中文简体字版版权

版权所有　翻印必究

责任编辑　洪星范　邢志华　殷晓岚
装帧设计　汤世梁

典藏版
魔镜——埃舍尔的不可能世界
布鲁诺·恩斯特　著
田松　王蓓　译
上海世纪出版股份有限公司
上海科技教育出版社 出版
(上海冠生园路393号　邮政编码200235)
上海世纪出版股份有限公司发行中心发行
网址：www.ewen.cc　www.sste.com
各地新华书店经销　上海中华商务联合印刷有限公司印刷
开本889×1194　1/16　印张12.25　插页4　字数220 000
2014年8月第1版　2014年8月第1次印刷
ISBN 978-7-5428-5833-7/N·895
图字 09-2013-908号
定价：480.00元